电气工程识图 与施工工艺

DIANQI GONGCHENG SHITU YU SHIGONG GONGYI

■ 文卫银 刘 钢 主编

化学工业出版社
·北京·

本书以贯彻国家标准、规范为指导思想，从应用实践入手，介绍建筑电气工程图的识读方法与建筑电气工程的施工工艺。

本书重点强调了电气工程图的识读练习，全书的内容分为3个部分：建筑电气工程识图基本知识；强电部分内容讲述了电气照明工程、电气动力工程、变配电工程、建筑防雷接地工程，并结合电气工程实例讲解系统图和平面图的识读方法与施工工艺；弱电部分内容讲述了火灾自动报警与消防联动系统、电话通信系统、电视监控系统、综合布线系统，以系统分析为主。

本书可作为安装类、建筑类专科及高职等相关专业的教学用书，也可作为职业培训教材及安装工程技术管理人员的参考用书。

图书在版编目（CIP）数据

电气工程识图与施工工艺/文卫银，刘钢主编.
北京：化学工业出版社，2016.1（2023.1重印）
ISBN 978-7-122-25629-4

Ⅰ．①电… Ⅱ．①文… ②刘… Ⅲ．①建筑工程-电气设备-电路图-识别-高等职业教育-教材②建筑工程-电气设备-工程施工-高等职业教育-教材 Ⅳ．①TU85

中国版本图书馆 CIP 数据核字（2015）第 264766 号

| 责任编辑：吕佳丽 | 文字编辑：陈 喆 |
| 责任校对：边 涛 | 装帧设计：张 辉 |

出版发行：化学工业出版社（北京市东城区青年湖南街 13 号 邮政编码 100011）
印　　装：北京科印技术咨询服务有限公司数码印刷分部
787mm×1092mm　1/16　印张 11¾　字数 293 千字　2023 年 1 月北京第 1 版第 5 次印刷

购书咨询：010-64518888　　　　　　　售后服务：010-64518899
网　　址：http://www.cip.com.cn
凡购买本书，如有缺损质量问题，本社销售中心负责调换。

定　　价：**39.00 元**

前　言

　　电气工程识图与施工工艺是安装专业的一门核心专业课，本书以贯彻国家标准、规范为指导思想，从应用实践入手，介绍了建筑电气工程图的识读方法与建筑电气工程的施工工艺，重点是加强了电气工程图的识读。

　　本书的主要特色是：内容精练，文字通俗易懂，图文并茂，体系完整，以实用性理论知识为基础、实训操作为主导，把理论知识与实际识读图纸有机地、紧密地结合起来。

　　本书是以案例教学方式进行编写的，贯彻"能看懂图，能立项，会计量"为主线的原则。看懂图就是了解常见的强弱电工程的系统组成和工作原理，能看懂电气工程图中各种不同的电气图形符号代表什么电气设备，图中文字标注的含义，用什么方式敷设导线，使用什么型号和规格的导线，需要配几根线等。能立项就是根据电气工程施工规范和定额中的项目名称，结合工程图讲解其施工工艺。会计量就是根据案例提供的系统图、平面图等进行数量（各种灯具、开关、插座等电气设备的套数）和长度（各种配管、导线、扁钢、圆钢等）的计算。

　　本书可作为安装类、建筑类专科及高职等相关专业的教学用书，也可作为职业培训教材及安装工程技术管理人员的参考用书。

　　本书由湖南交通职业技术学院文卫银任第一主编并负责全书统稿，刘钢任第二主编，湖南交通职业技术学院龚敬敏、岭南职业技术学院刘宁担任副主编，石家庄职业技术学院侯聪霞等参与了部分章节的编写。

　　本书在编写过程中，参阅了相关文献资料，在此谨向有关作者表示衷心感谢。由于水平有限，书中不妥之处敬请读者批评指正。

编者

2016 年 1 月

目 录

项目一 建筑电气工程识图基本知识

任务一 电路基本知识

一、电路的组成

电路由电源、负载和导电线路 3 个部分组成。其中电源的作用是为电路提供能量，如发电机利用机械能或核能转化为电能，蓄电池利用化学能转化为电能，光电池利用光能转化为电能；负载则将电能转化为其他形式的能量加以利用，如电动机将电能转化为机械能，电炉将电能转化为热能等；导电线路用作电源和负载的连接体，包括导线和开关控制设备。

二、电路的工作状态

1. 通路

将电源和电路接通，构成闭合回路，电路中就有电流通过，如图 1-1 所示。

在内电路中，电流方向由负到正，是电位升的方向，即电动势的正方向；在外电路中，电流方向由正到负，是电位降的方向，即电压的正方向。

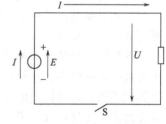

图 1-1 电路的工作状态

2. 短路

短路是闭合电路的一种特殊形式，它是指闭合电路中外电路的电阻接近零的状态，称为整个电路或某分电路的短路。其特征是电流往往很大，它会烧坏绝缘、损坏设备，当然也可以利用短路电流所产生的高温进行金属焊接等。

3. 断路（开路）

整个电路中的某一部分断开，表现出无限大的电阻，使电路呈不闭合、无电流通过的状态。断路可以是外电路的断路，如利用开关故意造成的断路，断路包括工作断路和事故断路。

三、电路的基本物理量

电路的基本物理量有电流、电压等。

（1）电流。电流是电荷的定向移动，习惯上正电荷运动的方向规定为电流的方向。按照电流的方向和大小，电流可分为直流电流和变动电流。在国际单位制中，电流的单位是安培，简称安，符号为 A。其中一个周期内电流的平均值为零的变动电流称为交变电流，也称交流电流。

（2）电压。电压不仅有方向也有大小，按照方向和大小的变化情况也分为直流电压和交流电压。方向和大小随时间变化的电压称为变动电压，其中一个周期内电压的平均值为零的变动电压称为交变电压，也称交流电压。电压的单位是伏特，简称伏，符号为 V。

（3）功率。电流单位时间内做的功为电功率，简称功率。在国际单位制中，功率的单位为瓦特，简称瓦，符号为 W。

（4）电能。在实际应用中，常用到电能这个物理量。电能的单位常用千瓦时（kW·h）或度表示，1kW·h＝1 度电。

（5）电阻。电荷在电场力作用下沿输电体做定向运动时要受到阻碍作用，这种阻碍电荷运动的作用称为输电体的电阻，用符号 R 来表示。电阻的单位是欧姆（Ω）。

任务二　正弦交流电源

建筑电气工程的主要功能之一是输送电能、分配电能和应用电能，而电能的应用形式主要是交流电。随时间按照正弦规律变化的电动势、电压和电流统称为正弦交流电，简称交流电。以交流电的形式产生电能或供给电能的设备称为交流电源。由交流电源、用电设备和连接导线组成的电流流通路径称为交流电路。

1. 三相交流电的产生

三相交流电由三相交流发电机产生。三相交流发电机结构原理如图 1-2 所示。

三相发电机的每一相绕组都可以看做是一个独立的单相电源分别向负载供电。这种供电方式需用六根输电线，既不经济也体现不出三相交流电的优点。因此，发电机三相定子绕组都是在内部采用星形（Y 形）或三角形（△形）连接方式向外输电的。

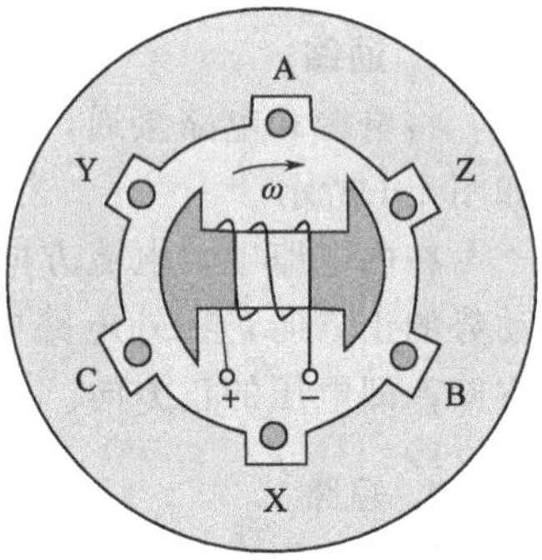

图 1-2　三相交流发电机原理图

2. 三相电源的星形连接

如图 1-3 所示，将发电机三个线圈的末端 X、Y、Z 连接在一起，这个连接点 N 称为中性点，自该点引出的导线叫中性线，中性线通常与大地相连，此时又称零线。

从三相线圈的首端 A、B、C 分别引出的三根导线统称为相线（俗称火线）。

三相四线制供电的特点是可以提供给用电设备（负载）两种电压。一种称为相电压，即相（火）线与零线之间的电压，共有三个，分别用 u_A、u_B、u_C 表示，为 220V；另一种称为线电压，即相线与相线之间的电压，也有三个，分别用 u_{AB}、u_{BC}、u_{CA} 表示，为 380V。

三相电源采用星形（Y 形）连接的比较多，优点是可以同时得到两种不同等级的电压向三相用电设备和单相用电设备供电。

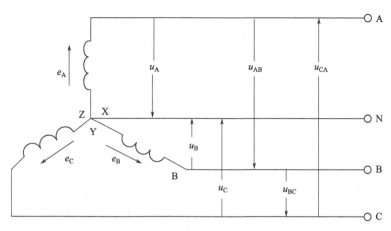

图 1-3　三相电源星形连接

3. 三相交流电路

由于三相交流电在生产、输送和应用等方面有很多优点，因此建筑物中的供电、配电和用电均是由三相交流电路来完成的。

三相交流电路中的电源有三个，每一个电源称为一相电源，一般称为 A、B、C 三相电源。三相电源向外供电是采用三相三线制、三相四线制或三相五线制（增加一条接地保护线）的形式。所谓三相四线制就是三根相线（火线）一条中性线（零线）的供电体制。

4. 正弦交流电的有效值

由于正弦量随时间瞬息变化，不便用它来计量交流电的大小，因而工程中常用有效值表示正弦量的大小。

在物理学里已经知道，若把一交变电流 i 和一直流电流 I 分别通过两个等值的电阻 R，如果在相同的时间内它们产生的热量相等，则此直流电流值就叫该交流电流的有效值。因此，交变电流的有效值实际上就是在热效应方面同它相当的直流电流值。按照规定，有效值都用大写字母表示，和表示直流的字母一样，例如 I、U 及 E 分别表示交流电流、交流电压及交流电动势的有效值。

对于给定的交流电来说，其有效值为一常数，且交流电的最大值越大，其有效值也越大。由实验与计算的结果证明，正弦交流电流的有效值与其最大值之间存在一个简单的关系，即：$I = 0.707 I_m$。同理，正弦交流电压的有效值为 $U = 0.707 U_m$。

这说明，正弦交流电的有效值等于其最大值的 $\sqrt{2}/2$（0.707）。

工程计算与实际应用中所说的交流电压和电流的大小，都是指它的有效值。电机、电器等的额定电压、额定电流都是用有效值来表示的。例如，说一个灯泡的额定电压是 220V，某台电动机的额定电流是 10A，都是指其有效值，一般的电流表和电压表的刻度（读数）也是根据有效值来定的。

5. 电路的种类

（1）纯电阻电路　在电路中，白炽灯、碘钨灯、电阻炉等负载的电感、电容与电阻相比很小，可以忽略不计。这种负载所组成的交流电路，在实用中就认为是纯电阻电路，如图 1-4 所示。

（2）纯电感电路　纯电感电路是指电路中电感 L 起主要作用，电阻和电容的影响可忽略不计，例如日光灯镇流器、变压器线圈等，如图 1-5 所示。

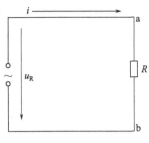

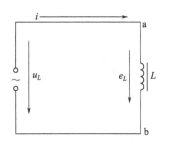

图 1-4　纯电阻电路　　　　　　　图 1-5　纯电感电路

（3）纯电容电路　如果把电容接在交流电路中，只有电容器起作用，电阻和电感的影响可以忽略不计，这样的电路叫做纯电容电路，例如电池、电容瓶充电电路等，如图 1-6 所示。

（4）电阻、电感和电容组成的混合交流电路　在实际电路中，一个线圈的导线中一定存在电阻，匝间还有电容。电容器总存在漏电现象，电阻也会存在寄生电感和寄生电容，这种电路也就成为电阻、电感和电容组成的混合交流电路。图 1-7 为 RLC 串联交流电路。

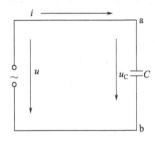

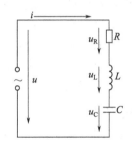

图 1-6　纯电容电路　　　　　　图 1-7　RLC 串联交流电路

6. 三相负载的连接

把三相负载分别接在三相电源的一根相线和中性线之间的接法称为三相负载的星形连接，如图 1-8 所示。其中电源线 A、B、C 为三根相线，N 为中线，Z_a、Z_b、Z_c 为各相线的阻抗值。

把负载两端的电压称为负载的相电压，负载的相电压就等于电源的相电压，三相负载的线电压就是电源的线电压。

星形负载接上电源后就有电流产生。流过每相负载的电流叫做相电流，把流过相线的电流叫做线电流，线电流的大小等于相电流。

由于中线为三相电路的公共回线，所以中线电流为三个电流的矢量和。

把三相负载分别在三相电源每两根相线之间的连接称为三角形连接，如图 1-9 所示，在三角形连接中，由于各相负载是接在两根相线之间，因此负载的相电压就是电源的线电压。

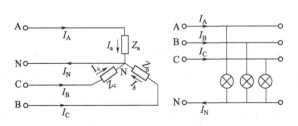

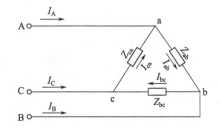

图 1-8　三相负载的星形连接　　　　　　　　图 1-9　三相负载的三角形连接

任务三 建筑电气施工图

建筑电气工程包括强电和弱电。强电主要是指电能的分配和使用，其特点是电压高、电流大、频率低，主要考虑的问题是节能、安全。建筑电气工程是建筑物中最基本和最常见的工程，其重点是平面图的识读。弱电主要指信息的传送与控制，其特点是电压低、电流小、频率高，主要考虑的问题是信息传送的效果。弱电系统的前端设备多是高新技术产品，发展速度快，更新换代也比较快，需要的专业知识面也非常宽，但其配线工程和信息终端口相对比较简单，施工工艺与强电也基本相同，重点是系统介绍和系统图的识读。

一、电气施工图的一般规定

电气图常用图形符号和文字符号在电气图纸和说明中作为一种工程语言传递信息，起着重要的作用，熟悉这些符号是阅读电气图的最基本要素。电气图常用强电图形符号及文字标注标识详见附录。

二、建筑电气施工图的组成

建筑电气施工图分为电气照明施工图、动力配电施工图和弱电系统施工图等几类，其施工图主要包括：图纸目录、设计说明、材料表、图例、平面图、系统图和详图等。

1. 施工图首页

（1）图纸目录包括：图纸的编号、名称、分类及组成等，编制图纸目录的目的是便于查找和存档。

（2）设计说明用于说明电气工程的概况和设计者的意图，对图形、符号难以表达清楚的设计内容，用必要的文字加以说明，要求语言简单明了，通俗易懂，用词准确。主要内容包括供电方式、电压等级、主要线路敷设方式、防雷接地方式及各种电气安装高度、工程主要技术数据、施工验收要求与有关注意事项等。

（3）在材料设备表中列出电气工程所需的主要设备，管材，导线，开关，插座的名称、型号、规格和数量等。设备材料表上所列的主要材料的数量，由于与工程量的计算方法和要求不同，不能作为工程量编制预算依据，只作为参考。

2. 电气系统图

电气系统图是整个电气系统的原理图，一般不按比例绘制，可分为照明系统图、动力系统图、弱电系统图等，其主要内容包括：配电系统和设施在楼层的分布情况；整个配电系统的连接方式，从主干线至各分支回路数；主要变/配电设备的名称、型号、规格及数量；主干线路及主要分支的敷设方式、导线型号、导线截面积及穿线管管径。

3. 电气平面图

电气平面图分为变/配电平面图、动力平面图、照明平面图、弱电平面图、总平面图、防雷/接地平面图等，其主要内容包括以下几点：

（1）各种变/配电设备的型号、名称，各种用电设备及灯具的名称、型号及在平面图上的位置。

（2）各种配电线路的起点、敷设方式、型号、规格、根数及在建筑物中的走向、平面和垂直位置。

（3）建筑物和电气设备的防雷、接地的安装方式及在平面图上的位置。

（4）控制原理图。

4. 详图

电气工程详图是用来详细表示用电设备、设施及线路安装方法的图纸。一般是在上述图表达不清，又没有标准图可供选用，并有特殊要求的情况下才绘制的图，如配电柜、盘的布置图和某些电气部件的安装大样图，在电气工程详图中对安装部件的各部位注有详细尺寸。

三、电气设备安装工程施工图的识读方法

1. 掌握识图程序

电气安装图纸拿来后可先看图纸目录，根据目录查出电气施工说明、电气系统图和电气平面图，了解电气图所采用的图例符号及其所代表的内容，然后进行识读。如果涉及具体安装内容，则再查出相关设备的原理接线图和安装接线图。

2. 工程识读的要点

每个工程都有它的特点和要求，必须抓住这些特点和要求来识读。一般来说，大楼的电气照明工程的识读有以下几个需要注意的事项。

（1）供电方式和相数：大楼供电方式有高压方式供电和低压方式供电两种；供电相数有单相二线制和三相四线制两种。

（2）进户方式：有建立电杆进户、沿墙边埋角铁进户和地下电缆进户等方式。

（3）线路分配情况：有几条配电支路，各相有哪些配电设备供电，各支路与 A、B、C 三相的连接关系。

（4）线路敷设方式：常见的敷设方式有直敷布线、绝缘子布线、管子布线、线槽布线、电缆布线等。

（5）电气照明设备器具的布置：平面位置和立面位置（安装高度）。

（6）接地、防雷情况：采用的是接地保护还是接零保护，以及防雷装置的形式。此外，还要确定预埋、预留位置，了解安装的施工要求以及与其他工程（如土建、给排水、通信线路安装工程）的配合识读问题。

3. 抓住配电脉络识读

识图时，一般可按进户线—总配电箱—干线—分配电箱—支线—用电设备这条脉络来识读。

4. 相关的图对照识读

把电气照明平面图和电气系统图及施工图说明放在一起识读，把整体图和局部图一起识读。

项目二 电气照明工程

任务一 室内照明配电线路

一、低压配电线路

通常将 380V/220V 的线路称为低压线路，用于将低压电输送和分配给用电设备。我国的室内照明供电线路，通常采用 380V/220V，50Hz 三相五线制供电，即由变压器的低压侧引出的三根相线、一根零线和一根由配电箱接出的接地保护线。相线与相线之间的电压为 380V，可供动力负载使用；相线与零线之间的电压为 220V，可供照明负载使用。

二、室内照明配电线路的组成

（1）进户线　从外墙支架到室内总配电箱的这段线路称为进户线。进户点的位置就是建筑照明供电电源的引入点。

（2）照明配电箱　配电箱是接受和分配电能的电气装置。对于用电负荷小的建筑物，可以只安装一只配电箱；对于用电负荷大的建筑物，如多层建筑可以在某层设置总配电箱，而在其他楼层设置分配电箱。在配电箱中应装有空气开关、断路器、计量表、电源指示灯等。

（3）干线　从总配电箱引至分配电箱的一段供电线路称为干线，其布置方式有放射式、树干式、混合式。

（4）支线　从分配电箱引至电灯等用电设备的一段供电线路称为支线，又称回路。支线的供电范围一般不超过 20~30m，支线截面积不宜过大，一般应在 2.0~10mm² 范围之内。室内照明配电线路的组成如图 2-1 所示。

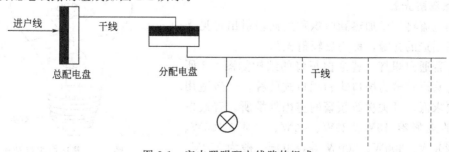

图 2-1　室内照明配电线路的组成

任务二 灯具及照明线路

一、照明方式的选择

根据工作场所对照度的不同要求，照明方式可分为一般照明、局部照明、混合照明三种方式。按照照明的功能不同又可分为正常照明、应急照明、警卫照明、障碍照明、装饰照明等。

1. 室内照明方式

（1）一般照明　灯具比较均匀的布置在整个场地，而不考虑局部对照明的特殊要求，这种人工设置的照明称为一般照明方式。

（2）局部照明　为满足某些部位的特殊光照要求，在较小范围内或有限空间内，采用辅助照明设施的布置方式。如写字台上设置的台灯及商场橱窗内设置的投光照明，都属于局部照明。

（3）混合照明　由一般照明和局部照明共同组成的照明布置方式。混合照明是在一般照明的基础上再加强局部照明，有利于提高照度和节约能源。

2. 照明的种类

（1）正常照明　正常照明指满足一般生活、生产需要的室内外照明。所有居住的房间和供工作、运输、人行的走道以及室外场地，都应设置正常照明。

（2）应急照明　应急照明指因正常照明的电源发生故障而启用的照明。它又可分为备用照明、安全照明和疏散照明等。

（3）警卫照明　警卫照明指在一般工厂中不必设置，但对某些有特殊要求的厂区、仓库区及其他有警戒任务的场所应设置的照明。

（4）值班照明　值班照明指在非工作时间内，为需要值班的场所提供的照明。

（5）障碍照明　障碍照明指为了保障飞机起飞和降落安全以及船舶航行安全而在建筑物上装设的用于障碍标志的照明。

（6）装饰照明　装饰照明指为美化市容夜景以及节日装饰和室内装饰而设计的照明。

二、电光源的种类与用途

电光源的种类很多，但从发光原理来看，电光源可分为两大类：热辐射光源和气体放电光源。

1. 热辐射光源

利用电流将灯丝加热到白炽程度而辐射出可见光的原理所制造的光源，称为热辐射光源。

（1）普通白炽灯　普通白炽灯的结构如图 2-2 所示。其灯头形式分为插口式和螺口式两种。一般适用于照度要求低、开关次数频繁的室内外场所。普通白炽灯泡的规格有 15W、25W、40W、60W、100W、150W、200W、300W、500W 等，电压一般为 220V。

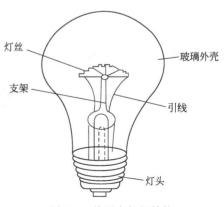

图 2-2　普通白炽灯结构

（2）卤钨灯　其工作原理与普通白炽灯一样，其突出特点是在灯管（泡）内充入惰性气体的同时加入了微量的卤素物质，所以称为卤钨灯。卤钨灯包括碘钨灯、溴钨灯，碘钨灯结构如图2-3所示。在白炽灯泡内充入微量的卤化物，其发光效率比白炽灯高30%，适用于体育场、广场及机场等场所。

为了使卤钨循环顺利进行，卤钨灯必须水平安装，倾斜角不得大于4°，由于灯管功率大、点燃后表面温度很高，不能与易燃物接近，不允许采用人工冷却措施（如电风扇冷却），勿溅上雨水，否则将影响灯管的寿命。

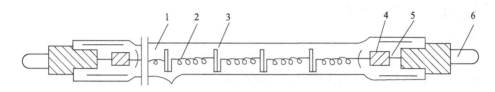

图 2-3　碘钨灯构造
1—石英玻璃管；2—灯丝；3—支架；4—钼箔；5—导丝；6—电极

2. 气体放电光源

利用气体放电时发光的原理所制造的光源，称为气体放电光源。

（1）荧光灯　荧光灯的构造如图2-4所示。荧光灯由镇流器、启辉器和灯管组成，具有体积小、光效高、造型美观、安装方便等特点，有逐渐代替白炽灯的发展趋势。灯管的类型有直管、圆管和异型管等。荧光灯按光色分为日光色、白色及彩色等。

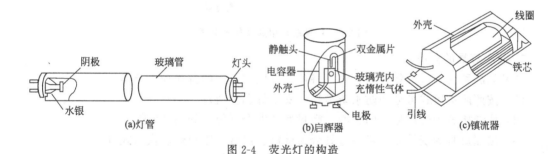

图 2-4　荧光灯的构造

（2）高压汞灯　又称高压水银灯，靠高压汞气体放电而发光。按结构可分为外镇流式和自镇流式两种，如图2-5所示。自镇流式高压汞灯使用方便，在电路中不用安装镇流器，适用于大空间场所的照明，如礼堂、展览馆、车间、码头等。

（3）钠灯　钠灯是在灯管内放入适量的钠和惰性气体，故称为钠灯。钠灯分为高压钠灯和低压钠灯两种，具有省电、光效高、透雾能力强等特点，适用于道路、隧道等场所照明。

（4）氙灯　氙灯是一种弧光放电灯，在放电管两端装有钍钨棒状电极，管内充有高纯度的氙气。具有功率大、光色好、体积小、亮度高、启动方便等优点，被人们誉为"小太阳"。其使用寿命为1000～5000h，多用于广场、车站、码头、机场等大面积场所照明，近些年也

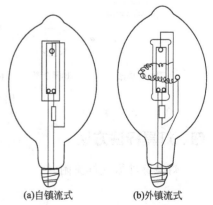

(a)自镇流式　(b)外镇流式

图 2-5　高压汞灯的结构

用于汽车的大灯照明。

（5）金属卤化物灯　它是在高压汞灯的基础上添加某些金属卤化物，并靠金属卤化物的循环作用，不断向电弧提供相应的金属蒸气，提高管内金属蒸气的压力，有利于发光效率的提高，从而获得了比高压汞灯更高的光效和显色性。

（6）霓虹灯　霓虹灯又称氖气灯、霓虹灯。霓虹灯不作为照明用光源，常用于建筑灯光装饰、娱乐场所装饰、商业装饰，是用途最广泛的装饰彩灯。

各种电光源的种类图形符号详见附录图形符号-照明开关、按钮。

三、照明灯具组成及分类

1. 照明灯具组成

灯具主要由灯座和灯罩组成，如图 2-6 所示。灯具的作用是固定和保护电源、控制光线方向和光通量，同时也有不可忽视的美观装饰作用。

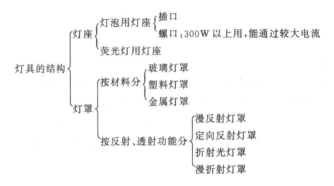

图 2-6　灯具结构组成及相关分类

2. 照明灯具的分类

灯具的品种繁多，形状各异，各具特色，可以按不同的方式加以分类。

（1）按照防护形式可分为防水防尘灯、安全灯和普通灯。

（2）按结构分为开启型、闭合型、密封型和安全型等，如图 2-7 所示。

（3）按照灯具的安装方式可将灯具分为壁灯、吊灯、吸顶灯、嵌入式灯。

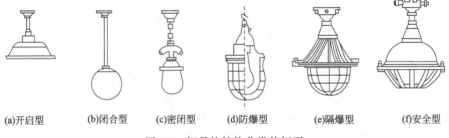

(a)开启型　　(b)闭合型　　(c)密闭型　　(d)防爆型　　(e)隔爆型　　(f)安全型

图 2-7　灯具按结构分类的灯型

四、灯具标注方法

灯具标注方法详见附录。

$$a-b\frac{c \times d}{e}f$$

式中 a——灯具的套数；

          b——灯具的型号，型号常用拼音字母表示；

          c——灯泡或灯管的个数；

          d——单个光源的容量（灯泡容量），W；

          e——灯具的安装高度，m，安装高度是指从地面到灯具的高度，若为吸顶式安装，安装高度及安装方式可简化为"-"；

          f——灯具的安装方式，见附录。

例如，$6-\dfrac{40}{-}$D 表示 6 套吸顶灯，每个灯是 40W。$24-PKY \times 506\dfrac{2 \times 40}{2.8}$L 表示这部分平面图中有 24 套灯具，型号为普通开启式荧光灯，编号 506 荧光灯，两根灯管，每根为 40W，安装高度为 2.8m，L 表示是链吊式安装。

五、灯具的安装

1. 位置的确定

现浇混凝土楼板，当室内只有一盏灯时，其灯位盒应设在纵横轴线中心的交叉处。有两盏灯时，灯位盒应设在长轴线中心与墙内净距离 1/4 的交叉处。设置几何图形组成的灯位，灯位盒的位置应相互对称。

住宅楼厨房灯位盒应设在厨房间的中心处。卫生间吸顶灯灯位盒，应配合给排水、暖通专业，确定适当的位置，在窄面的中心处，灯位盒及配管距预留孔边缘不应小于 200mm。几种典型灯具的安装如图 2-8 所示。

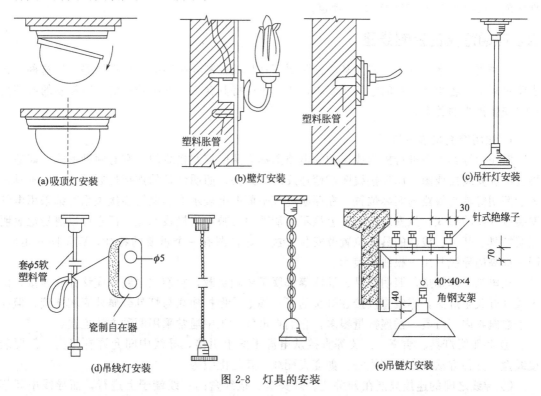

图 2-8   灯具的安装

2. 吊灯的安装

（1）在混凝土顶棚上安装   要事先预埋铁件或置放穿透螺栓，还可以用胀管螺栓紧固。

　　（2）在吊顶上安装　小型吊灯在吊棚上安装时，必须在吊棚主龙骨上装设灯具紧固装置。

3. 吸顶灯的安装

　　（1）在混凝土顶棚上安装　可以在浇筑混凝土前，根据图纸要求把木砖预埋在里面，也可以安装金属胀管螺栓。

　　（2）在吊顶上安装　小型、轻型吸顶灯可以直接安装在吊顶棚上，但不得用吊顶棚的罩面板作为螺钉的紧固基面。

4. 荧光灯的安装

　　荧光灯的构成：电路由灯管、镇流器和启辉器3个部分。其安装方式：吸顶式和吊链式两种安装方式。注意事项：安装时应按电路图正确接线，开关应装在镇流器侧，并接在相线上。

5. 壁灯的安装

　　壁灯可安装在墙上或柱子上。安装在墙上时，一般在砌墙时应预埋木砖，也可用膨胀螺栓固定。安装在柱子上时，一般在柱子上预埋金属构件或用抱箍将金属构件固定在柱子上，然后再将壁灯固定在金属构件上。

6. 嵌入式灯具的安装

　　嵌入式灯具应固定在专设的框架上，导线不应贴近灯具外壳，且在灯盒内应留有余量，灯具边框应紧贴在顶棚上。为保证用电安全，灯具的安装应符合《建筑电气工程施工质量验收规范》（GB 50303—2002）有关规定。

六、照明灯具的控制线路

　　在照明工程平面图中，将大量遇到照明灯具与其控制开关和电气连接线路，但这种连接线路只表示二者相互关系的电气示意图，要真正懂得其含义，就必须标清照明控制的原理接线与安装接线的关系。

1. 照明控制接线方法

　　对照明灯具设备进行控制或保护的电路图称为照明控制接线图，它有两种形式，即原理接线图和安装接线图。原理接线图清楚地反映了开关、照明灯具的连接控制关系，但不具体表示照明灯具与线路的实际位置，在照明电气平面图上表示上述电气连接关系时都采用电气安装接线图的形式。从安装接线图上虽不能清楚地反映电气接线原理，但它可以清楚地表明照明灯具、开关、线路的具体位置及安装方法，这种图有一个重要的特征，就是同一走向、同一标高的导线只用一根线条表示。

　　从电工原理知道，照明灯具、插座等都属于单相负载，它们在电路中应该并联连接，即火线经开关至灯头，零线直接接在灯头的另一端上，保护地线与灯具金属外壳相连接，但在一个建筑物内，灯具、插座数量很多，它们在电气施工中通常采用两种方法连接：

　　① 各照明灯具、插座、开关等直接从电源干线上引接，导线中间允许有接头，但要装接线盒，这种方法叫直接接线法。如瓷夹配线、瓷柱配线等。

　　② 导线之间的连接只能在开关盒、灯头盒、接线盒的接线端子上进行，而导线中间不允许有接头，这种方法叫共头接线法。相线必须经过开关后再进入灯座，零线直接进入灯座，保护接地线与灯具的金属外壳相连接。

以上两种方法在照明线路安装接线时都可采用，其中共头接线法虽然耗用导线较多，但接线灵活、可靠。

2. 照明灯具的控制线路

（1）一个开关控制一盏灯　一个开关控制一盏灯的电气照明图，如图 2-9 所示。开关只接在相线上，零线不进开关，应注意接线原理图和施工图的区别。

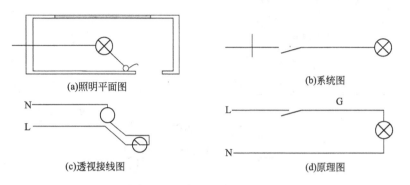

图 2-9　一个开关控制一盏灯

（2）双控开关控制一盏灯　在不同的位置设置两个双控开关，同时控制一盏灯的开启或关闭，如图 2-10 所示。该线路常用于楼梯间及过道等处。双控开关有三个接线桩，分别与三根导线相接，其中两个分别与两个静触点连通，另一个与动触点（共用桩）连通。双控开关的共用桩（动触点）与电源 L 线连接，另一个开关的共用桩与灯座的一个接线桩 K 线连接。两个开关的静触点接线柱，用两根导线分别连接，称之为联络线。

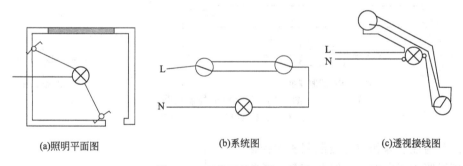

图 2-10　双控开关控制一盏灯

（3）多开关控制一盏灯　用两个双控开关和一个三控开关在三处控制一盏灯，如图2-11所示。该线路用于需多处控制的场所。

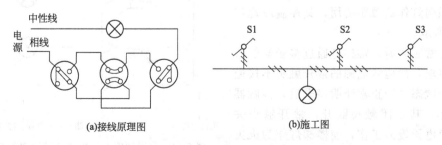

图 2-11　三个开关控制一盏灯

图 2-12 是两个房间的照明平面图，图中有一个照明配电箱、三盏灯、一个单控双联开关和一个单控单联开关，采用线管配线。图 2-12（a）为其平面图，图中左图两盏灯之间为 3 根线，中间一盏灯与单控双联开关之间为 3 根线，其余都是两根线，因为线管的中间不允许接头，接头只能放在灯盒内或开关盒内。

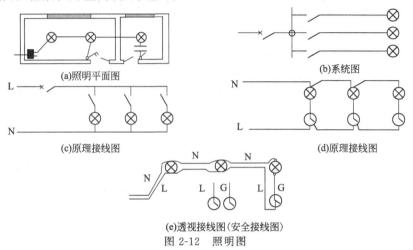

图 2-12　照明图

（4）荧光灯的控制线路　荧光灯由镇流器、灯管和启辉器等附件构成，其电气控制线路如图 2-13 所示。

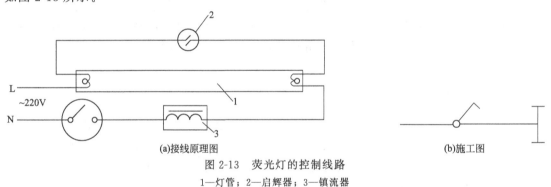

图 2-13　荧光灯的控制线路
1—灯管；2—启辉器；3—镇流器

（5）普通照明兼作应急疏散照明的控制线路　该线路为双电源、双线路控制，常作为高层建筑楼梯的照明。

当发生火灾时，楼梯正常照明电源停电，将线路强行切入应急照明电源供电，此时楼梯照明灯作疏散照明用，其控制原理如图 2-14 所示。

在正常照明时，楼梯灯通过接触器的常闭触头供电，而应急电源的常开触头不接通处于备用状态。当正常照明停电后，接触器得电动作，其常闭触头断开，常开触头关闭，应急电源投入工作，使楼梯灯作为火灾时的疏散照明。

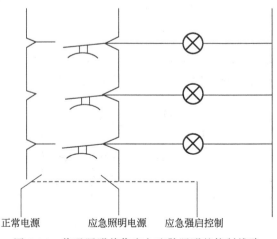

图 2-14　普通照明兼作应急疏散照明的控制线路

任务三 插座及其他电器

一、插座

插座主要是用来随时接通照明灯具和其他日用电器的装置，也常用来插接小容量的单相或三相用电设备。插座分为单相（双孔、三孔、五孔）、三相（双孔、三孔、四孔），也可分为安全型、防溅型，额定电流有10A、16A、25A等多种，安装方式分为明装和暗装。

1. 插座安装要求

（1）住宅用户一律使用同一牌号的安全型插座，同一处所的安装高度宜一致；距地面高度一般应不小于1.3m，以防小孩用金属丝探试插孔面发生触电事故。

（2）车间及试验室的明暗插座，一般距地面高度不应低于0.3m，特殊场所暗装插座不应低于0.15m。

（3）住宅使用安全插座时，其距地面高度不应小于200mm，如设计无要求，安装高度可为0.3m。对于用电负荷较大的家用电器（如空调、电热水器等）应单独安装插座。

2. 插座接线

单相双孔插座，面对插座的右孔或上孔与相线连接，左孔或下孔与零线连接；单相三孔插座面对插座的右孔与相线连接，左孔与零线连接；单相三孔和三相四孔或五孔插座的接地或接零均应在插座的上孔，插座的接地端子不应与零线端子直接连接。插座接线如图2-15所示。

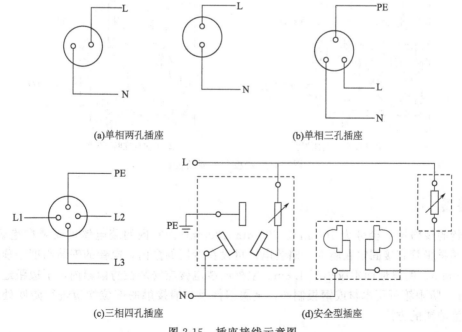

(a)单相两孔插座 (b)单相三孔插座

(c)三相四孔插座 (d)安全型插座

图2-15 插座接线示意图

3. 插座的安装程序

插座的安装程序为：测位、划线、打眼、预埋螺栓、上木台、装插座、接线、装盖。

4. 插座图形符号的文字标注

插座图形符号的文字标注详见附录。

二、灯开关

安装方式：明装、暗装。

操作方式：把式、跷板式、声光控制式。

控制方式：单控开关、双控开关、电子开关。

灯开关安装要求如下。

（1）在同一室内预埋的开关（插座）盒，相互间高低差不应大于5mm；成排埋设时高低差不应大于2mm；并列安装高低差不大于1mm。并列埋设时开关盒应以下沿对齐。

（2）相线经开关控制。

（3）开关安装位置应便于操作，开关边缘距门框边缘的距离0.15～0.2m，开关距地面高度1.3m；拉线开关距地面高度2～3m，层高小于3m时，拉线开关距顶板不小于100mm，拉线出口垂直向下。

（4）厨房、厕所（卫生间）、洗漱室等潮湿场所的开关应设在房间的外墙处。

（5）走廊灯的开关，应在距灯位较近处设置。

（6）壁灯或起夜灯的开关，应设在灯位的正下方，并在同一条垂直线上。室外门灯、雨棚灯的开关应设在建筑物的内墙上。

目前的住宅及民用建筑采用暗装跷板开关，其通断位置如图2-16所示。

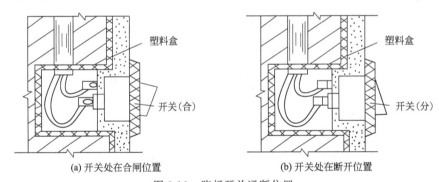

(a) 开关处在合闸位置　　　　　(b) 开关处在断开位置

图2-16　跷板开关通断位置

三、电铃

电铃的规格按直径分为100mm、200mm、300mm。室内明装电铃可安装在绝缘台上，也可用塑料胀管直接固定在墙上。暗装电铃可设在专用的盒内，电铃的安装高度距顶棚不应小于200mm，距离地面不应小于1.8m。室外明装电铃应安装在防雨箱内，下边距地不应低于3.0m。防雨箱可用木材或钢板制作，金属部件及与墙接触的部位均应进行防腐处理，通常采用涂油漆的方法。

四、风扇

风扇分为吊扇、壁扇。

吊扇是住宅、民用建筑等公共场所中常见的设备。吊扇一般由叶片和电机构成，叶片直径规格分为 900mm、1200mm、1400mm 和 1500mm 等，额定电压为 220V。功率在 63～70W 之间，不同品牌、型号各异。

吊扇安装前应预埋挂钩，挂钩直径不应小于吊扇挂销钉的直径，且不小于 8mm，吊扇叶片距地高度不小于 2.5m，要求接线正确，转动时无明显颤动和异常响动。

任务四 配电箱

配电箱是电气线路中的重要组成部分，根据用途不同可分为动力配电箱和照明配电箱两种，分为明装和暗装，一般为成套配电箱。

一、配电箱的安装要求

（1）位置符合设计要求，部件齐全，箱体开孔与导管管径适配，暗装配电箱箱盖紧贴墙面，箱体涂层完整。

（2）配电箱不得采用可燃材料制作；箱内接线整齐，回路编号齐全，标识正确。

（3）照明配电箱安装高度：底边距地面一般为 1.5m；配电板安装高度：底边距地面不应小于 1.8m。

（4）箱内配线整齐，无绞接现象。

（5）箱内开关动作灵活可靠，带有漏电保护的回路，漏电保护动作电流不大于 30mA，动作时间不大于 0.1s。

（6）照明配电箱内应设置零线（N）和保护地线（PE）汇流排，零线和保护地线经汇流排接出。配电箱导线引出板面时，均应套设绝缘管。

（7）总配电箱一般应尽可能设置在用电负荷中心，分配电箱应设置在用电设备或复合相对集中的地方，分配电箱与开关箱的距离不得超过 30m，开关箱与其所控制的电气设备不得超过 3m。在配电箱或开关箱周围应有两人同时工作的足够空间和通道，不要在箱旁边堆放建筑材料和杂物。

（8）暗装配电箱应按图纸配合土建施工进行预埋。

（9）明装配电箱须等待建筑装饰工程结束后进行安装。

（10）动力配电箱与照明配电箱宜分别设置，便于使用。如果用混合箱时，须把动力与照明线路分开。

二、配电箱安装程序

配电箱安装程序为：成套配电箱体现场预埋→导管与箱体连接→安装盘面→装盖板（箱门）。配电箱安装分为悬挂式、嵌入式和落地式。

三、配电箱图形符号的文字标注

配电箱图形符号的文字标注详见附录。

例如，$AL\dfrac{XL\text{-}2\text{-}6}{60}$ 表示配电箱的编号为照明配电箱 AL，其型号为 XL-2-6，配电箱的容量为 60kW。

常用照明配电箱的基本型号如下：

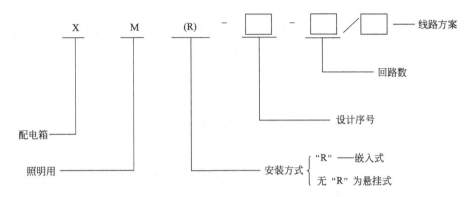

（图中标注）
- XM (R) — 线路方案
- 回路数
- 设计序号
- 配电箱
- 照明用
- 安装方式 { "R" — 嵌入式；无 "R" 为悬挂式 }

四、配电箱内低压元器件

配电箱一般为成套配电箱，包括所有的元器件、导线、箱体，由电气成套配电厂家生产。

1. 低压熔断器

低压熔断器是低压配电系统中的保护设备，一定条件下使保护线路及低压设备熔断免受短路电流或过载电流的损害。常用的低压熔断器有瓷插式、螺旋式、管式及填料式等。

如图 2-17 所示为低压熔断器外形图。

2. 低压断路器

低压断路器又称为自动空气开关，它具有良好的灭弧性能。低压断路器既可带负荷通断电路，又能在短路、过负荷和失压时自动跳闸。如图 2-18 所示为低压断路器外形图。

图 2-17 低压熔断器

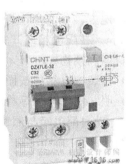

图 2-18 低压断路器

（1）自动空气开关的分类

① 按级数分为：单极、双极和三极。

② 按保护形式分为：电磁脱扣器式、热脱扣器式、复式脱扣器式和无脱扣器式。

③ 按分断时间分为：一般式和快速式（先于脱扣机构动作，脱扣时间在 0.02s 以内）。

④ 按结构形式分为：塑壳式、框架式、限流式、直流快速式、灭磁式和漏电保护式。

（2）自动空气开关的一般选用原则

① 自动空气开关的额定工作电压≥线路额定电压。

② 自动空气开关的额定电流≥线路负载电流。

③ 热脱扣器的整定电流＝所控制负载的额定电流。

④ 电磁脱扣器的瞬时脱扣整定电流＞负载电路正常工作时的峰值电流。

⑤ 自动空气开关欠电压脱扣器的额定电压＝线路额定电压。

3. 电度表

电度表是计量电能的仪表，即能测量某一段时间内所消耗的电能。电度表按用途分为有功电度表和无功电度表两种，它们分别计量有功功率和无功功率。电度表按结构分为单相表和三相表两种。

几种新型电度表的特点如下。

① 长寿式机械电度表。长寿式机械电度表是在充分吸收国内外电度表设计、选材和制造经验的基础上开发的新型电度表，具有宽负载、长寿命、低功耗、高精度等优点。

② 静止式电度表。静止式电度表是借助于电子电能计量先进的机理，继承传统感应式电度表的优点，采用全屏蔽、全密封的结构，具有良好的抗电磁干扰性能，集节电、可靠、轻巧、高精度、高过载、防窃电等为一体的新型电度表。

③ 电卡预付费电度表。电卡预付费电度表是机电一体化预付费电度表。

④ 防窃型电度表。防窃型电度表是一种集防窃电与计量功能于一体的新型电度表，可有效地防止违章窃电行为，堵住窃电漏洞，给用电管理带来了极大的方便。

任务五 室内照明配线

一、室内配线的敷设方法

室内配线按其敷设方法可分为明敷设和暗敷设两种，明、暗敷设以线路在敷设后，导线和保护体能否为人们用肉眼直接观察到进行区别。

明敷设：导线直接或在管子、线槽内敷设于墙壁、顶棚的表面及桁架、支架等处。

暗敷设：导线在管子、线槽等保护体内，敷设于墙壁、顶棚、地坪及楼板等的内部或者在混凝土板孔内敷设。

1. 常见的室内配线方式

①配管配线；②电缆敷设；③其他配线。

2. 施工工序

施工工序为：定位划线→预埋预留→装设绝缘支持物、线夹、支架或保护管→测试导线绝缘，连接导线→安装灯具及电气设备→敷设导线→校验、自检和试通电。

二、配管配线

将绝缘导线穿入保护管内敷设，称为配管（线管）配线。暗配管敷设对建筑结构的影响比较小，同时可避免导线受腐蚀气体的侵蚀和遭受机械损伤，更换导线也方便。因此，配管配线方式是目前采用最多的一种配线方式。

1. 配线用管材

配线常用的管材有金属管和塑料管，工程中称为电线保护管或电线管。

（1）金属管 配管工程中常使用的有厚壁钢管、薄壁钢管、金属波纹钢管和普利卡套管4类。

① 厚壁钢管又称焊接钢管或低压流体输送钢管（水煤气管），有镀锌和不镀锌之分。又分为普通钢管和加厚钢管两种。焊接钢管在工程图中标注的代号为SC，厚壁钢管的公称口径是按内径标注的。厚壁钢管（水煤气钢管）用作电线电缆的保护管，可以暗配于一些潮湿场所或直埋于地下，也可以沿建筑物、墙壁或支吊架敷设。明敷设一般在生产厂房中出现较多。

② 薄壁钢管（电线管）。在工程图中标注的代号为MT。薄壁钢管的公称口径是按外径标注的。电线管多用于敷设在干燥场所的电线、电缆的保护管，可明敷或暗敷。

套接紧定式钢（JDG）导管和套接扣压式薄壁钢（KBG）导管是专为配线工程研发的电线管，应用也非常广泛。套接紧定式钢（JDG）导管的管路连接为套接，并研发有配套的直管接头和弯管接头，套接后用自带的紧定螺钉拧紧。其直管公称管径是外径。套接扣压式薄壁钢（KBG）导管的管路连接为扣压套接式，也研发有配套的直管接头和弯管接头，套接后用专用工具扣压，其直管公称管径也是外径。

钢管暗配工程应选用镀锌金属盒，即灯位盒、开关（插座）盒等，其壁厚不应小于1.2mm。常用的金属盒尺寸为90mm×90mm×45mm。

③ 金属波纹管。金属波纹管也叫金属软管或蛇皮管，主要用于设备上的配线，如车床、铣床、冷水机组、水泵等。它是用0.5mm以上的双面镀锌薄钢带加工压边卷制而成的，轧缝处有的加石棉网，有的不加，其规格尺寸与电线管相同。

④ 普利卡金属套管。普利卡金属套管是电线电缆保护套管的更新换代产品，其种类很多，但其基本结构类似，都是由镀锌钢带卷绕成螺纹状，属于可挠性金属套管。普利卡金属套管具有搬运方便、施工容易等特点，在建筑电气工程中的使用日益广泛，可用于各种场合的明、暗敷设和现浇混凝土内的暗敷设。

（2）塑料管 配线所用的电线保护管多为PVC塑料管，PVC是聚氯乙烯的代号，是用电石和氯气（电解食盐产生）制成的，根据加入增塑剂的多少可制成不同硬度的塑料。建筑电气工程中常用的塑料管有以下4种，管材连接和弯曲工艺有所不同。

① 硬质聚氯乙烯管（PVC塑料管）。是由聚氯乙烯树脂加入稳定剂、润滑剂等助剂经捏合、滚压、塑化、切粒、挤出成形加工而成，主要用于电线、电缆的保护套管等。管材长度一般4m/根，颜色一般为灰色。管材连接一般为加热承插式连接和塑料热风焊，弯曲必须加热进行。

② 刚性阻燃管。称刚性PVC管或PVC冷弯电线管，分为轻型、中型、重型。管材长度4m/根，有白色和纯白色，弯曲时需用专用弯曲弯簧。管子的连接方式采用专用接头插入法连接，在连接处结合面涂专用胶合剂，接口密封。刚性阻燃管是刚性、硬质、阻燃的，在浇注混凝土过程中不易变形，现在被广泛应用。一般的住宅使用的PVC管均用刚性阻燃管。

③ 半硬质阻燃管FPC。也叫PVC阻燃塑料管，由聚氯乙烯树脂加入增塑剂、稳定剂及阻燃剂等经挤出成形而得，用于电线保护，一般颜色为黄、红、白等，成捆供应，每捆100m。管子连接采用专用接头抹塑料胶粘接，管道弯曲自如，无须加热，在箱盒之间直接连接，中间不需要接头。半硬质塑料管是软质的，硬度不够，在浇注混凝土过程中经常会变形而造成管路不畅通，所以一般用在砖墙内。

④ 塑料波纹管（可挠型）。常用在吊顶或空间较高的房间，吊顶内的管子（接线盒）距吊顶有一段垂直距离，因塑料波纹管可以自由弯曲，可用于接线盒与灯具盒之间连接导线的保护管。

2. 导线

导线分绝缘导线和裸导线。导线的线芯要求导电性能良好，机械强度大，质地均匀，表面光滑且耐腐蚀性能好。导线的绝缘层要求绝缘性能良好，质地柔韧，耐侵蚀且具有一定的机械强度。

（1）裸导线　无绝缘层的导线称为裸导线。裸导线又分为硬裸导线和软裸导线。

硬裸导线一般用于高、低压架空电力线路输送电能，软裸导线主要用于电气装置的接线、元件的接线及接地线。

裸导线的材料有铜、铝和钢。按结构可分为圆单线、扁线和绞线。常见的有铜绞线（TJ）、铝绞线（LJ）和钢芯铝绞线（LGJ）。钢芯铝绞线是最常用的架空导线，其线芯是钢线，如图 2-19 所示。

硬裸导线的规格分为 $10mm^2$、$16mm^2$、$25mm^2$、$50mm^2$、$70mm^2$、$95mm^2$ 等。

软裸导线的规格分为 $0.012mm^2$、$0.03mm^2$、$0.06mm^2$、$0.12mm^2$、$0.20mm^2$、$0.30mm^2$、$1.5mm^2$、$2.0mm^2$、$2.5mm^2$、$4mm^2$、$6mm^2$、$10mm^2$ 等。

图 2-19　钢芯铝绞线（LGJ）

（2）绝缘导线

① 橡皮绝缘导线。橡皮绝缘导线可用于室外敷设，长期工作温度不得超过 60℃，额定电压不超过 250V 的橡皮绝缘导线用于照明线路。

② 塑料绝缘导线。塑料绝缘导线具有耐油、耐腐蚀及防潮等特点，常用于电压 500V 以下的室内照明线路，可穿管敷设及直接在墙上敷设。塑料绝缘导线分类及主要用途见表 2-1。

表 2-1　绝缘电线分类、型号说明及主要用途

型号名称	型号说明	主要用途
BV	铜芯聚氯乙烯绝缘电线	适用于交流额定电压 450/750V 及以下动力装置的固定敷设
BLV	铝芯聚氯乙烯绝缘电线	
BVR	铜芯聚氯乙烯绝缘软电线	
BVV	铜芯聚氯乙烯绝缘聚氯乙烯护套圆型电线	
BLVV	铝芯聚氯乙烯绝缘聚氯乙烯护套圆型电线	
BVVB	铜芯聚氯乙烯绝缘聚氯乙烯护套平型电线	
BV-105	铜芯聚氯乙烯耐高温绝缘电线	

绝缘导线表示形式如下：

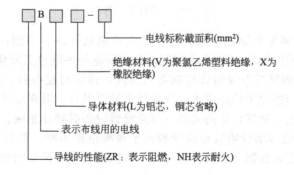

电线标称截面积(mm²)

绝缘材料(V为聚氯乙烯塑料绝缘，X为橡胶绝缘)

导体材料(L为铝芯，铜芯省略)

表示布线用的电线

导线的性能(ZR：表示阻燃，NH表示耐火)

3. 线路在平面图上的表示

线路在平面图上的表示详见附录。

$$a\text{-}b\ (c\times d)\ e\text{-}f$$

式中，a 为线路编号；b 为导线型号；c 为导线根数；d 为导线截面积；e 为线路敷设方式；f 为线路敷设部位。

例如 N1 BV-3×4SC20 - FC 表示：N1 回路，3 根 4mm^2 的铜芯聚氯乙烯塑料绝缘线，穿 $DN20\text{mm}$ 的焊接钢管沿地板敷设。

4. 配管配线安装

（1）导管截面积　导管的选择应根据管内所穿导线的根数和截面积决定，一般规定管内导线的总截面积（包括绝缘层）不应超过管子截面积的40％为宜。同类照明的多个分支回路可共管，但管内的导线总数不应超过 8 根。

（2）导管加工

① 管子弯曲。配管之前首先按照施工图要求选择管子，然后根据现场实际情况进行必要的加工。因此管线改变方向是不可避免的，所以弯曲管子是经常的。钢管的弯曲方法多使用弯管器或弯管机。PVC 管的弯曲可先将弯管专用弹簧插入管子的弯曲部分，然后进行弯曲（冷弯），其目的是避免管子弯曲后变形。导管的端部与盒（箱）的连接处一般应弯曲成 90°曲弯或鸭脖弯。导管端部的 90°曲弯一般用于盒后面入盒，常用于墙体厚度为 240mm 处，管端部不应过长，以保证管盒连接后管子在墙体中间位置上，如图 2-20 所示。

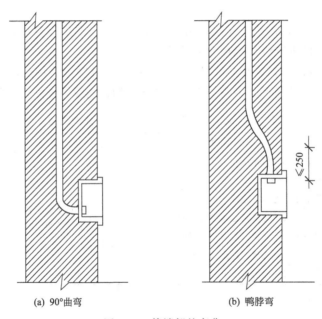

(a) 90°曲弯　　　　　　　　　(b) 鸭脖弯

图 2-20　管端部的弯曲

② 线管的切断。钢管用钢锯、割管器、砂轮切割机等进行切割，严禁使用气焊切割，切割的管口应用圆锉处理光滑。PVC 管用钢锯条或带锯的多用电工刀切割。

③ 套螺纹。焊接钢管或电线钢管与钢管的连接，钢管与配电箱、接线盒的连接都需要在钢管端部套螺纹。套螺纹多采用管子套丝板或电动套丝机。套螺纹完毕后，将管口端面和内壁的毛刷用锉刀锉光，使管口保持光滑，以免穿线时割破导线绝缘。

④ 钢管防腐。非镀锌钢管明敷设或暗敷设于顶棚或地下时，其钢管的内外壁应作防腐处理，而埋设于混凝土内的钢壁，其外壁可以不作防腐处理，但应除锈。

（3）导管连接

① 管与管的连接。钢管的连接有螺纹连接、套管熔焊连接等，如图 2-21 所示。当钢管采用螺纹连接时（管接头连接），其管端螺纹长度不应小于管接头长度的 1/2，连接后，其螺纹要外露 2～3 牙；钢导管的套管熔焊连接只适应于壁厚大于 2mm 的非镀锌钢管，套管长度宜为所连接钢管外径的 1.5～3 倍，管与管的对口应位于套管的中心；套接紧定式（JDG）导管的管路连接使用配套的直管接头和弯管接头，用紧固螺钉固定；套接扣压式薄壁钢（KBG）导管的管路连接使用配套的直管接头和弯管接头，套接后用专用工具扣压；PVC 管常用套接法连接，套接法连接时，用比连接管管径大一级的塑料管做套管，长度为连接外径的 1.5～3 倍，把涂好胶合剂的连接管从两端插入套管内，也可以使用专用成品管接头进行连接。

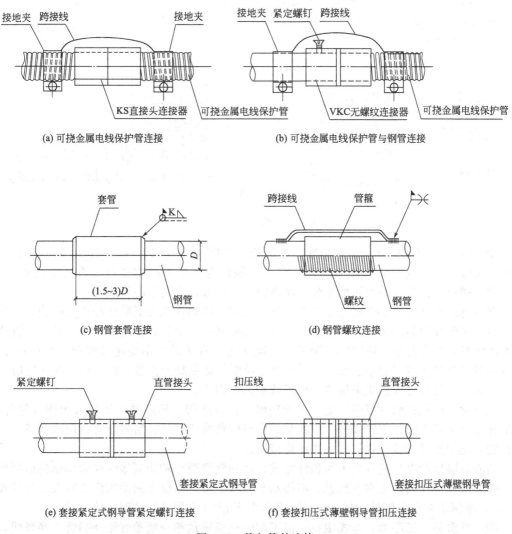

(a) 可挠金属电线保护管连接　　　(b) 可挠金属电线保护管与钢管连接

(c) 钢管套管连接　　　(d) 钢管螺纹连接

(e) 套接紧定式钢导管紧定螺钉连接　　　(f) 套接扣压式薄壁钢导管扣压连接

图 2-21　管与管的连接

② 管与盒的连接。厚壁非镀锌钢管与盒连接可采用焊接固定，管口宜突出盒内壁 3～5mm，焊后应补涂防腐漆；镀锌钢管与盒连接宜采用锁紧螺母或护圈帽固定，用锁紧螺母固定的管端螺纹宜外露锁紧螺母 2～3 牙；PVC 管进入盒用入盒接头和入盒锁扣进行固定，管端部和入盒接头连接处的接合要涂专用胶合剂，接口应牢固密封，也可以在管端部进行加

热，软化后做成喇叭口进行固定。管与盒（箱）的连接如图 2-22 所示。

（4）线管敷设 线管敷设俗称配管。配管工作一般从配电箱或开关盒等处开始，逐段配至用电设备处，也可以从用电设备处开始，逐段配至配电箱或开关盒等处。

① 明配管。明配管管子明敷设多数是沿墙、柱及各种构架的表面用管卡固定，其安装固定可用塑料胀管、膨胀螺栓或角钢支架（图 2-23）。固定点与管路终端、转弯中点、电器或接线盒边缘的距离为 150～500mm；其中间固定点间距依管径大小决定，应符合安装施工规范规定。敷管时，先将管卡一端的螺栓拧进一半，然后将管敷设在管卡内，逐个将螺栓拧牢。使用铁支/吊架时，可将导管固定在支、吊架上。设计无规定时，支、吊架的尺寸及材料应采用 ϕ8mm 圆钢或 25mm×3mm 角钢。

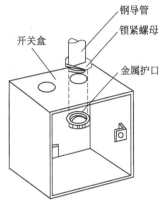

图 2-22 管与盒（箱）的连接

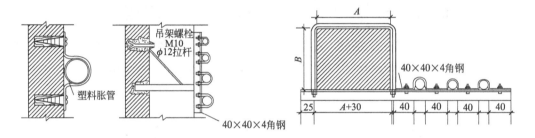

图 2-23 明配管固定方法

② 暗配管。常见的建筑结构为现浇混凝土框架结构和砖混结构。现浇混凝土框架结构的砌体可以分为加气混凝土砌块隔墙、空心砖隔墙等，框架结构还可以有现浇混凝土柱、梁、墙、楼板等；砖混结构的楼板分为现浇混凝土楼板、预制空心楼板等。

现浇混凝土结构的电气配管主要采用预埋方式。例如在现浇混凝土楼板内配管，当模板支好后，未敷设钢筋前进行测位划线，待钢筋底网绑扎垫起后开始敷设管盒，然后把管路与钢筋固定好，将盒与模板固定牢。预埋在混凝土内的管子外径不能超过混凝土厚度的 1/2，并列敷设的管子间距不应小于 25mm，使管子周围均有混凝土包裹。管子与盒的连接应一管一孔，镀锌钢管与盒连接应采用锁紧螺母或护圈帽固定。

配管时，应先把墙（或梁）上有弯的预埋管进行连接，然后再连接与盒相连接的管子，最后连接剩余的中间直管段部分。原则是先敷设带弯曲的管子，后敷设直管段的管子。对于金属管，还应随时连接（或焊）好接地跨接线。

空心砖隔墙的电气配管也采用预埋方式。而加气混凝土砌块隔墙应在墙体砌筑后剔槽配管，并且只允许在墙体上垂直敷设，不得水平剔槽配管。墙体上剔槽宽度不宜大于管外径加 15mm，槽深不应小于管外径加 15mm，用不小于 M10 水泥砂浆抹面保护。

暗设导管施工工序为：弹线定位→加工弯管→稳埋盒箱→暗敷管路→扫管、穿带线。稳埋盒箱一般可分为砖墙稳埋盒箱和模板混凝土墙板稳埋盒箱。

（5）跨接接地线 为了安全运行，使整个金属导管管路可靠地连接成一个导电整体，以防因电线绝缘损坏而使导管带电造成事故，导管管路要进行接地连接。

非镀锌钢导管之间及管与盒（箱）之间采用螺纹连接时，连接处的两端应焊接跨接接地线。镀锌钢管或可挠金属电线保护管的跨接接地线宜采用专用接地卡固定跨接接地线，不应采用熔焊连接。跨接接地线做法见图 2-24。

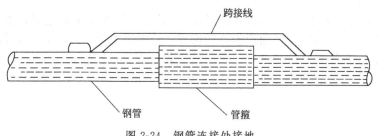

图 2-24 钢管连接处接地

5. 管内穿线

管内穿线的工艺流程为：选择导线→扫管→穿带线→管口带护口→导线与带线的绑扎→放线与断线→导线连接→线路绝缘遥测。

（1）选择导线　根据设计图样要求选择导线。进户线的导线宜使用橡胶绝缘导线。相线、中性线及保护线的颜色加以区分，用淡蓝色的导线作为中性线，用黄绿颜色相间的导线作为保护地线。

（2）扫管　管内穿线一般应在支架全部架设完毕及建筑抹灰、粉刷及地面工程结束后进行。在穿线前将管中的积水及杂物清除干净。

（3）穿带线　导线穿管时，应先穿一根直径 1.2～2.0mm 的铁丝作带线，在管路的两端均应留 10～15mm 的余量。当管路较长或弯曲较多时，也可在配管时就将带线穿好。一般在现场施工中，对于管路较长、弯曲较多的情况，从一端穿入钢带线有困难时，多采用从两端同时穿钢带线，且将带线头弯成小钩，当估计一根带线端头超过另一根带线端头时，用手旋转较短的一根，使两根带线绞在一起，然后把一根带线拉出，此时就可以将带线的一头与需要穿的导线结扎在一起，所穿电线根数较多时，可以将电线分段结扎。

（4）放线及断线　放线时，应将导线置于放线架或放线车上。剪断导线时，接线盒、开关盒、插座盒及灯头盒内的导线预留长度为 1.5cm；配线箱内导线的预留长度为配电箱箱体周长的 1/2；出户导线的预留长度为 1.5m。共用导线在分支处，可不剪断导线而直接穿过。

（5）管内穿线　导线与带线绑扎后进行管内穿线。当管路较长或转弯较多时，在穿线的同时应往管内吹入适量的滑石粉。拉线时应由两人操作，较熟练的一人担任送线，另一人担任拉线，两人送拉动作要配合协调，不可硬送硬拉。当导线拉不动时，两人配合反复来回拉 1～2 次再向前拉，不可过分勉强而将引线或导线拉断。导线穿入钢管时，管口处应装设护线套保护导线；在不进入接线盒（箱）的垂直管口，穿入导线后应将管口密封。同一交流回路的导线应穿于同一根钢管内。导线在管内不得有接头和扭结，其接头应放在接线盒（箱）内。管内导线包括绝缘层在内的总截面积不应大于管子内径截面积的 40%。

（6）绝缘摇测　线路敷设完毕后，要进行线路绝缘电阻值摇测，检验是否达到设计规定的导线绝缘电阻。

6. 绝缘导线的连接

导线与导线间的连接以及导线与电器间的连接，称为导线的连接。为了保证导线接头质量，当设计无特殊规定时，应采用焊接、压板压接或套管连接。绝缘导线连接程序为：剥切绝缘层→线芯连接（焊接或压接）→恢复绝缘层。

导线连接应符合下列要求：

① 接触紧密，连接牢固，导电良好，不增加接头处电阻。

② 连接处的机械强度不应低于原线芯机械强度，接头应耐腐蚀。

③ 接头处的绝缘强度不应低于导线原绝缘层的绝缘强度。

导线的连接如下所述。

(1) 导线绝缘层剥切、导线的连接

① 导线绝缘层剥切方法。绝缘导线连接前，必须把导线端头的绝缘层剥掉，绝缘层的剥切长度，随接头方式和导线截面积的不同而异。绝缘层的剥切方法有单层剥法、分段剥法和斜削法 3 种，一般塑料绝缘线多采用单层剥法或斜削法，如图 2-25 所示。剥切绝缘层时，不应损坏线芯。常用的剥削绝缘层的工具有电工刀、钢丝钳。一般截面积 4mm² 以下的导线原则上使用剥线钳。

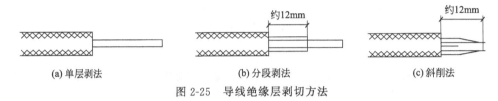

(a) 单层剥法   (b) 分段剥法   (c) 斜削法

图 2-25   导线绝缘层剥切方法

② 导线的连接

a. 单股铜导线的连接。较小截面积单股铜线（4mm² 及以下），一般多采用绞接法连接。截面积超过 6mm²，则常采用缠绕卷法连接。单股铜线的绞接连接如图 2-26 所示。

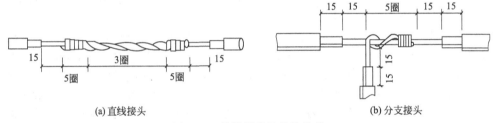

(a) 直线接头   (b) 分支接头

图 2-26   单股铜线的绞接连接

b. 多股铜线的连接。多芯导线连接有单卷法、缠卷法和复卷法 3 种。

c. 单股多根铜线在接线盒内的连接。3 根以上单股导线在接线盒内并接的应用是较多的。在进行连接时，应将连接线端相并合，在距导线绝缘层 15mm 处用其中一根芯线在其连接线端缠绕 5～7 圈后剪断，把余线头折回压在缠绕线上，如图 2-27 所示。铜导线的连接无论采用上面哪种方法，导线连接好后，均应用焊锡焊牢，使熔解的焊剂流入接头处的各个部位，以增加机械强度和导电性能，避免锈蚀和松动。

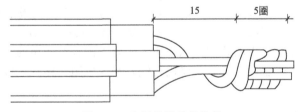

图 2-27   多根单股线的并接

d. 单股铝导线压接。在室内配线工程中，对 10mm² 及以下的单股铝导线的连接，主要以铝套管进行局部压接，压接使用的工具为压接钳。这种压接钳可压接 2mm²、5mm²、6mm²、20mm² 的 4 种规格单股导线。

③ 导线的绝缘恢复。所有导线线芯连接好后，均应用绝缘带包缠均匀紧密，以恢复绝缘。其绝缘强度不应低于导线原绝缘强度。经常使用的绝缘带有黑胶带、自粘性橡胶带和塑料带等。

（2）导线与设备端子的连接

① 截面积为 10mm² 及以下的单股导线可直接与设备接线端子连接。截面积在 10mm² 以上的单股导线应焊或压接接线端子后再与设备接线端子连接。

② 截面积为 2.5mm² 及以下的多股铜芯导线应先拧紧，搪锡或压接端子后再与设备接线端子连接，多股铝芯线和截面积 2.5mm² 以上的多股铜芯线应焊接或压接端子后再与设备接线端子连接。

铜导线接线端子的装接，可采用锡焊或压接两种方法。铝导线接线端子的装接一般采用气焊或压接方法。

任务六　某办公科研楼照明工程图的识读

该楼是一栋两层的平顶楼房，图 2-28、图 2-29 和图 2-30 分别为该楼的配电系统图和平面图。该楼的电气照明工程的规模不大，但变化较多，其分析方法对初学者非常有益，所以被编入许多电气识图类图书中。

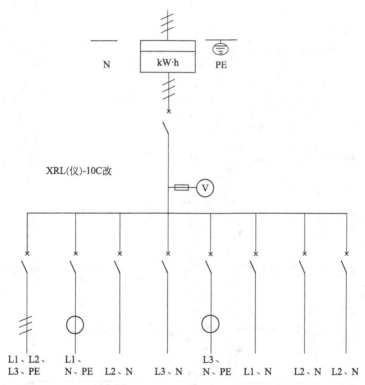

回路编号	W1	W2	W3	W4	W5	W6	W7	W8
导线数量与规格 /（根×mm²）	4×4	3×2.5	2×2.5	2×2.5	3×4	2×2.5	2×2.5	2×2.5
配线方向	一层 三相插座	一层 ③轴西部	一层 ③轴东部	走廊照明	二层 单相插座	二层 ④轴西部	二层 ④轴东部	备用

图 2-28　某办公科研楼照明配电概略（系统）图

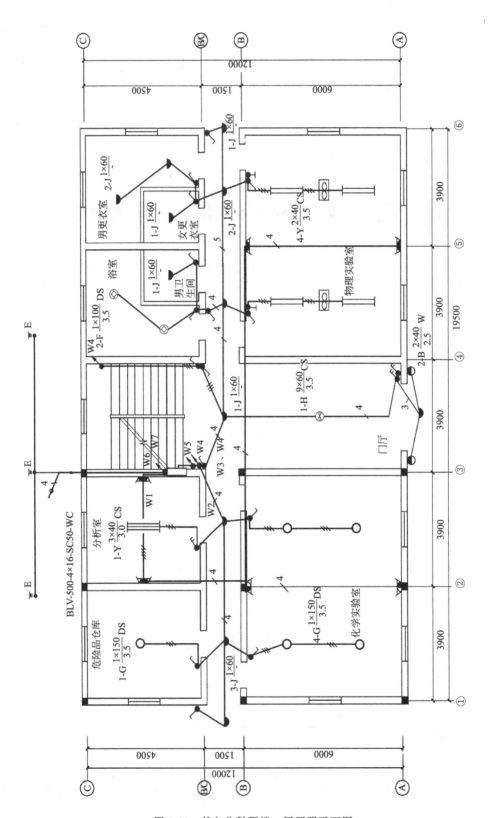

图 2-29　某办公科研楼一层照明平面图

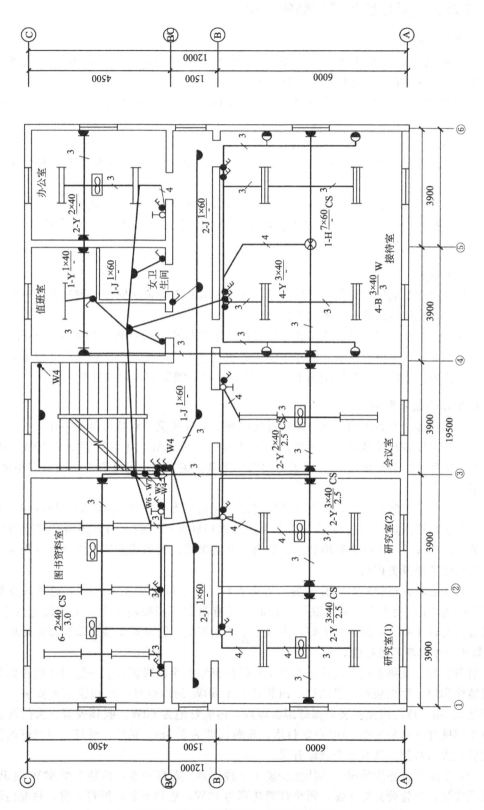

图 2-30 某办公科研楼二层照明平面图

一、某办公科研楼照明工程图的识读

1. 施工说明

① 电源为三相四线 380/220V，接户线为 BLV-500V-4×16mm²，自室外架空线路引入，进户时在室外埋设接地极进行重复接地。

② 化学实验室、危险品仓库按爆炸性气体环境分区为 2 号，并按防爆要求进行施工。

③ 配线：三相插座电源导线采用 BV-500-4×4mm²，穿直径为 20mm 的焊接钢管埋地敷设；③轴西侧照明为焊接钢管暗敷，其余房间均为 PVC 硬质塑料管暗敷，导线采用 BV-500-2.5。

④ 灯具代号说明：G——隔爆灯；J——半圆球吸顶灯；H——花灯；F——防水防尘灯；B——壁灯；Y——荧光灯。注意：灯具代号是按原来的习惯用汉语拼音的第一个字母标注的，属于旧代号。

2. 进户线

根据阅读建筑电气平面图的一般规律，按电源入户方向依次阅读，即进户线→配电箱→干线回路→分支干线回路→分支线及用电设备。

从一层照明平面图可知，该工程进户线点处于③轴线，进户线采用 4 根 16mm² 铝芯聚氯乙烯绝缘导线，穿钢管自室外低压架空线路引至室内配电箱，在室外埋设 3 根垂直接地体进行重复接地，从配电箱开始接出 PE 线，成为三相五线制和单相三线制。

3. 照明设备布置情况

由于楼内各房间的用途不同，所以各房间布置的灯具类型和数量都不一样。

(1) 一层设备布置情况　物理实验室装 4 盏双管荧光灯，每盏灯管功率 40W，采用链吊安装，安装高度为距地 3.5m，4 盏灯用两个单联开关控制；另外有 2 个暗装三相插座，2 台吊扇。

化学实验室有防爆要求，装有 4 盏防爆灯，每盏灯内装一个 150W 的白炽灯泡，管吊式安装，安装高度距地 3.5m，4 盏灯用 2 个防爆式单联开关控制，另外还装有密闭防爆三相插座 2 个。危险品仓库亦有防爆要求，装有一盏防爆灯，管吊式安装，安装高度距地 3.5m，由一个防爆单极开关控制。

分析室要求光色较好，装有一盏三管荧光灯，每个灯管功率为 40W，链吊式安装，安装高度距地 3m，用 1 个暗装双联开关控制，另有暗装三相插座 2 个。由于浴室内水汽多，较潮湿，所以装有 2 盏防水防尘灯，内装 100W 白炽灯，管吊式安装，安装高度距地 3.5m，2 盏灯由一个单联开关控制。

男卫生间、女更衣室、走道、东西出口门外都装有半圆吸顶灯。一层门厅装有的灯具主要起装饰作用，厅内装有一盏花灯，内装有 9 个 60W 的白炽灯，采用链吊式安装，安装高度距地 3.5m。进门雨棚安装半圆球形吸顶灯，内装灯泡为 60W，吸顶安装。大门两侧分别装有 1 盏壁灯，内装 2 个 40W 白炽灯泡，安装高度为 2.5m。花灯、壁灯、吸顶灯的控制开关均装在大门右侧，共有 2 个双联开关。

(2) 二层设备布置情况　接待室安装了 3 种灯具。花灯一盏，内装 7 个 60W 白炽灯泡，为吸顶安装；三管荧光灯 4 盏，每个灯管功率 40W，吸顶安装；壁灯 4 盏，每盏内装 3 个 40W 白炽灯，安装高度 3m；单相带接地孔的插座 2 个，暗箱；总计 9 盏灯由 11 个单极开关控制。会议室安装有双管荧光灯 2 盏，每个灯管功率 40W 链吊安装，安装高度 2.5m，由两个开关控制；另外还装有吊扇一台，带接地插孔的单相插座 2 个。研究室（1）和（2）分别装有 3 管荧光灯 2 盏，每个灯管功率 40W，链吊式安装，安装高度 2.5m，均用 2 个开关控制；另有吊扇一台，带接地插孔单相插座 2 个。

图书资料室装有双管荧光灯 6 盏，每个灯管功率 40W，链吊式安装，安装高度 3m；吊扇 2 台；6 盏荧光灯由 6 个开关控制，带接地插孔的单相插座 2 个。办公室装有双管荧光灯 2 盏，每个功率 40W，吸顶安装，各由一个开关控制；吊扇一台，带接地插孔的单相插座 2 个。值班室装有 1 盏单管荧光灯，吸顶安装；还有一盏半圆形吸顶灯，内装 60W 白炽灯；2 盏灯各自用一个开关控制，带接地插孔的单相插座 2 个。女卫生间、走廊、楼梯均装有半圆形吸顶灯，每盏 1 个 60W 的白炽灯泡，共 7 盏。楼梯灯采用 2 个双控开关分别在 2 楼和 1 楼控制。

4. 各配电回路负荷分配

根据图 2-28 配电系统图可知，该照明配电箱设有三相进线总开关和三相电度表，共有 8 条回路，其中 W1 为三相回路，向一层三相插座供电；W2 向一层③轴线西部的室内照明灯具及走廊供电；W3 向③轴线以东的照明工具供电；W4 向一层部分走廊灯和二层的走廊灯供电；W5 向二层单相插座供电；W6 向二层④轴线西部的会议室、研究室、图书资料室的灯具/吊扇供电；W7 为二层④轴线东部的接待室、办公室、值班室及女卫生间的照明/吊扇供电；W8 为备用回路。

考虑到三相负荷应尽量均匀分配的原则。W2～W8 支路分别接在 L1、L2、L3 三相上。因 W2、W3、W4 和 W5、W6、W7 各为同一层楼的照明路线，应尽量不要接在同一相上，因此可将 W2、W6 接在 L1 相上；将 W3、W7 接在 L2 相上；将 W4、W5 接在 L3 相上。

5. 各配电回路连接情况

各条线路导线的根数及其走向是电气照明平面图的主要表现内容之一，要真正弄清每根导线的走向及导线根数，则是初学者的难点之一。为解决这一问题，在识别线路连接情况时，应首先了解采用的接线方法是在开关盒、灯头盒的内接线，还是在线路上的直接接线；其次是了解各种灯具的控制方式，应特别注意分清哪些是采用 2 个甚至 3 个开关控制一盏灯的接线，然后一条线路一条线路的查看，这样就不难搞清楚导线的数量了。下面根据照明电路的工作原理，对各回路的接线情况进行分析。

（1）W1 回路 W1 回路为一条三相回路，外加一跟 PE 线，共 4 条线，引向一层的各个三相插座。导线在插线盒内进行共头连接。

（2）W2 回路 W2 回路的走向及连接情况：W2、W3、W4 各一根相线和一根零线，加上 W2 回路的一根 PE 线（接防爆灯外壳）共 7 根线，由配电箱③轴线引出到 ⒷⒸ 轴线交叉处开关盒上方的接线盒内。其中，W2 在③轴线和 ⒷⒸ 轴线交叉处的开关盒上方的接线盒处与 W3、W4 分开，转而引向一层西部的走廊和房间，其连接情况如图 2-31 所示。

W2 相线在③轴与 ⒷⒸ 轴线交叉处接入一只暗装单极开关，控制西部走廊内的两盏半圆球吸顶灯，同时往西引至走廊第一盏半圆球吸顶灯的灯头盒内，并在灯头盒内分成 3 路。第一路引至分析室门侧面的二联开关盒内，与两个开关相接，用这 2 个开关控制 3 盏管荧光灯的 3 个灯管，即一个开关控制一个灯管，另一个开关控制 2 个灯管，以实现开 1 个、2 个、3 个灯管的任意选择。第二路引向化学实验室右边防爆开关的开关盒内，这个开关控制化学实验室右边的 2 盏防爆灯。第三路向西引至走廊内第二盏半圆球吸顶灯的灯头盒内，在这个灯头盒内又分成 3 路，一路引向西部门灯；一路引向危险品仓库；一路引向化学实验室左侧门边防爆开关盒。

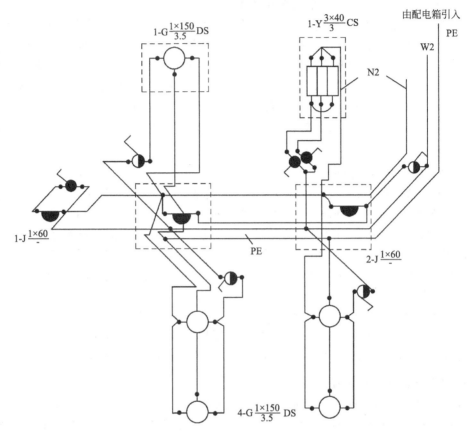

图 2-31　W2 回路连接情况示意图

　　3 根零线在③轴线与B/C轴线交叉处的接线盒处分开，一路和 W2 相线一起走，同时还有一根 PE 线，并和 W2 相线同样在一层西部走廊灯的灯头盒内分支，另外 2 根随 W3、W4 引向东侧和二楼。

　　(3) W3 回路的走向和连接情况　W3、W4 相线各带一根零线，沿③轴线引至③轴线和B/C轴线交叉处的接线盒，转向东南引至一层走廊正中的半圆球吸顶灯的灯头盒，但 W3 回路的相线和零线只是从此通过（并不分支），一直向东至男卫生间门前的半圆球吸顶灯灯头盒；在此盒内分成 3 路，分别引向物理实验室西门、浴室并继续向东引至更衣室门前吸顶灯灯头盒；并在此盒内再分成 3 路，又分别引向物理实验室东门、更衣室及东端门灯。

　　(4) W4 回路的走向和连接情况　W4 回路在③轴线和B/C轴线交叉处的接线盒内分成 2 路，一路由此引上至二层，向二层走廊供电，另一路向一层③轴线以东走廊灯供电。该分支与 W3 回路一起转向东南引至一层正中的半圆球形吸顶灯，在灯头盒内分成 3 路，一路引至楼梯口右侧开关盒，接开关；第二路引向门厅花灯，直至大门右侧开关盒，作为门厅花灯及壁灯等电源；第三路与 W3 回路一起沿走廊引至男卫生间门前半圆球吸顶灯，再到更衣室门前吸顶灯及东端门灯。W3、W4 回路连接情况如图 2-32 所示。

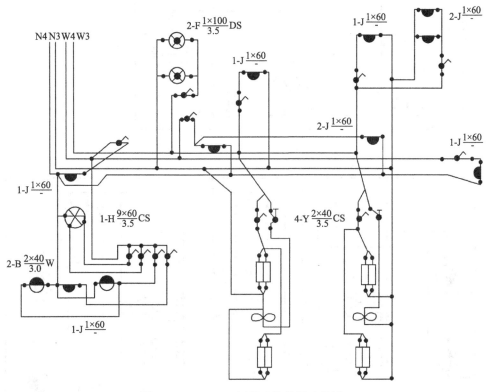

图 2-32　W3、W4 回路连接情况示意图

（5）W5 回路的走向和线路连接情况　W5 回路是向二层单相插座供电的，W5 相线 L3、零线 N 和接地保护线 PE 共 3 根 4mm² 的导线穿 PVC 管由配电箱直接引向第二层，沿墙及地面暗配至各房间单相插座。线路连接情况可自行分析。

（6）W6 回路的走向和线路连接情况　W6 相线和零线穿 PVC 管由配电箱直接引向第二层，向④轴线西部房间供电。线路连接情况可自行分析。在研究室（1）和研究室（2）房间，从开关至灯具、吊扇间导线根数依次是 4、4、3，其原因是两个开关不是控制两盏灯，而是分别同时控制两盏灯中的 1 个灯管和 2 个灯管。

（7）W7 回路的走向及连接情况　W7 回路同 W6 回路一起向上引至二层在向东值班室灯位盒，然后再引至办公室、接待室，具体连接情况见图 2-33。

对于前面几条回路，我们分析的顺序都是从开关到灯具，反过来，也可以从灯具刀开关开始进行识读。例如，图 2-30 接待室西边门东侧有 7 个开关，④轴线上有 2 盏壁灯，导线的根数是递减的（3→2），这说明两盏壁灯各用一个开关控制。这样还剩下 5 个开关，还有3 盏灯具。④～⑤轴线间的两盏荧光灯，导线根数标注都是 3 根，其中必有一根是零线，剩下的必定是两根开关线了，由此可推定这 2 盏荧光灯是由 2 个开关控制的，即每个开关同时控制两盏灯中的一个灯管和 2 个灯管，以利于节能。这样，剩下 3 个开关就是控制花灯的了。

以上分析了各回路的连接情况，并分别画出了部分回路的连接示意图。在此给出连接示意图的目的是帮助读者更好的阅读图纸。在实际工程中，设计人员是不绘制这种照明接线图

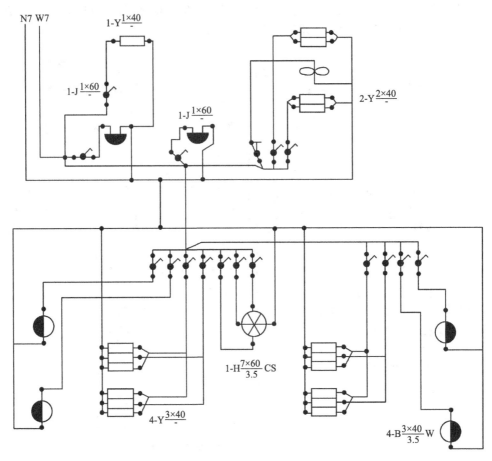

图 2-33 W7 回路连接情况示意图

的，此处是为初学者更快入门而绘制的。实际看图时不是先看接线图，而是做到看了施工平面图，脑子里就能想象出一个相应的接线图，而且还要能想象出一个立体布置的概貌，这样也就基本能把照明图看懂了。

二、科研楼照明图工程量分析

首先，要确定配电箱的尺寸和安装位置，再分析配电箱的进线和各回路出线情况。插座安装高度为 0.3m，楼板垫层较厚，沿地面配管配线。屋面有装饰性吊顶，吊顶高度为 0.3m。

1. 配电箱的尺寸和安装的位置

已知配电箱的型号为 XRL（仪）-10C 改，查阅《建筑电气安装工程施工图集》，可知配电箱规格为 750mm×540mm×160mm（宽×高×深），XRL 是嵌入式动力配电箱；（仪）为设计序号，含义为安装有电能表或电压指示仪表；10 为电路方案号；C 为电路分方案号；改的含义为定做（非标准箱），需要将几个三相自动开关（低压断路器）更换成单相低压断路器和漏电保护开关。因为该建筑既有三相动力设备又有单相设备，目前还没有这样的标准配电箱，所以要定做。现代的配电箱内开关是导轨式安装，改装非常方便，定做已经非常普遍。

规范上要求照明配电箱的安装高度一般为：当箱体高度不大于 600mm 时，箱体下口距地面宜为 1.5m；箱体高度大于 600mm 时，箱体上口距地面不宜大于 2.2m。

根据平面图的情况，配电箱的安装位置可确定为一层的⑥轴，底边距地面 1.4m，上边距地 2.15m。（注：原工程图是将配电箱安装在从一层到二层的楼梯平台上，现在因为配电箱的规格改变了，一层到二层有圈梁，安装在楼梯的平台上将影响建筑结构）

2. 进户线与接地保护线的安装

（1）进户线安装 进户线是指从架空线路电杆上引到建筑物电源进户点前第一支持点的一段架空导线。进户线是将电能输送和分配到用户的最后一段线路，也是用户线路的开端部分。

已知进户线为 BLV-4×16mm²，根据电气工程施工规范要求，进户线的进户口距地不宜低于 2.5m，因该建筑一层与二层间有圈梁，圈梁高度为 250mm，支架安装在圈梁下面，高度取 3.5m，图 2-34 为进户线横担安装方式示意图。导线为 16mm²，采用蝶式绝缘子 4 个，瓷瓶间距 L_1 为 300mm，支架角钢用 L50mm×5mm，总长为 1100mm＋600mm＝1700mm，钻孔 2 个为 ϕ18mm。

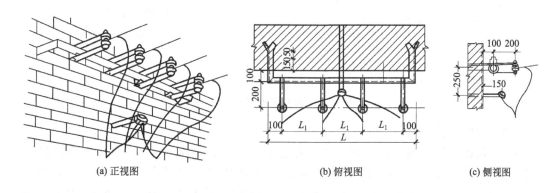

图 2-34 进户线横担安装方式示意图

进户管宜使用镀锌钢管，在进户线支架横担正下方，垂直距离为 250mm，伸出建筑物外墙部分不应小于 150mm，且应加装防水弯头，其周围应堵塞严密，以防雨水进入室内。进户线管为 DN50mm，管长 3m＋0.15m（外墙部分）＋3.25m-2.15m＝4.25m。16mm² 单根线长为 4.25m＋1.5m（架空接头预留线）＋1.29m（配电箱预留线）＝7.04m，16mm² 导线总长 4×7.04m＝28.16m。

（2）接地保护线安装 因为该建筑的供电系统是 TN-C-S 系统，所以在线路进入建筑物时需要将中性线进行重复接地。重复接地一般是在接户线支架处进行的，也可以在配电箱内进行。接地引下线和接地线一般用扁钢或圆钢，扁钢为 25mm×4mm，圆钢为 ϕ10mm。接地极用 L50mm×5mm，3 根，每根长 2.5m，共 3×2.5m＝7.5m，接地极（体）平行间距不宜小于 5m，顶部埋地深度不宜小于 0.6m，接地极距建筑物不宜小于 2m。因此，接地引下线和接地线总长为 10m＋2m＋0.6m＋3.5m（到横担）＝16.1m。如果在配电箱中进行，接地线总长度为 10m＋2m＋0.6m＋3m＋1.4m＝17m。接地电阻不得大于 10Ω。重复接地做法见图 2-35。电源的中性线（N）重复接地后成为 PEN 线，进入配电箱后先与 PE 线端子相接，再与 N 线端子相接，此后 PE 线和 N 线就要分清楚了，PE 线是与电气设备的金属外壳相连接，使金属外壳与大地等电位；而 N 线是电气设备的零线，是电路的组成部分。

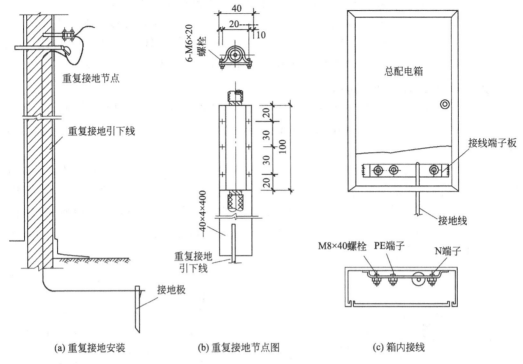

(a) 重复接地安装   (b) 重复接地节点图   (c) 箱内接线

图 2-35   重复接地室外做法

3. W1 回路分析

W1 回路连接带接地三相插座 6 个，标注应为 BV-4×4SC20-FC，含义为穿焊接钢管 $DN20\text{mm}$ 埋地暗敷设，插座安装高度为 0.3m，从配电箱底边到分析室③轴插座，管长为 1.4m−0.3m+3m−2.25m=1.85m，4mm^2 导线单根线长为 1.85m+1.29m（配电箱预留线）=3.14m，导线总长 4×3.14m=12.56m。从③轴线插座到②轴线插座，管长为 3.9m+2×0.3m+2×0.1m（埋深）=4.7m。导线总长为 4×4.7m=18.8m，在工程量计算时不用考虑预留线。从②轴线插座 CZ2 到化学实验室⑧轴插座 CZ3，管长为 2.25m+1.5m+2×0.3m+2×0.1m（埋深）=4.55m。线长 4×4.55m=18.2m。防爆插座安装时要求管口及管周围要密封，防止易燃易爆气体通过管道流通，具体做法请查阅《建筑安装工程施工图集》电气工程。其他插座工程量可自行分析。

4. W2 回路分析

（1）配电箱到接线盒   W2 是向一层西部照明配电，由于化学实验室和危险品仓库安装的是隔爆灯，而隔爆灯的金属外壳需要接 PE 线，所以 W2 回路为 3 线（L1、N、PE），由于西部走廊灯的开关安装在③轴楼梯侧，因此在开关上方的顶棚内要装接线盒进行分支，W4 是向③轴东部及二层走廊灯配电，W3 是向④轴东部室内配电，3 个回路 7 根 2.5mm^2 线可以从配电箱用 3 根 PC15 管配到开关上方接线盒进行 4 个分支。管长为 4m−2.15m−0.3m（垂直）+1.5m=3.05m。单根线长 3.05m+1.29m（配电箱预留线）=4.34m，总线长 7×4.34m=30.38m。

（2）分支 1 到开关   沿墙垂直配管，2 线（L1、K），管长 4m−0.3m−1.3m=2.4m。线长 2×2.4m=4.8m。后续内容如无预留线，将只说明线的数量和管长，线长为线数×管长，可自行计算。

（3）分支 2 到③轴西部走廊灯　从接线盒沿顶棚平行配管到②轴至③轴间走廊灯位盒，4 线（L1、N、PE、K），管长约 2.2m。在灯位盒处又有 3 个分支，1 分支到化学实验室开关上方接线盒，3 线（L1、N、PE），管长 0.75m＋0.35m（距墙中心的距离）＝1.1m。沿墙垂直配管到开关，2 线（L1、K），管长 4m－0.3m－1.3m＝2.4m。沿顶棚平行配管到 2 盏隔爆灯，3 线（L1、N、PE），管长 4.5m。

2 分支到分析室开关上方接线盒，2 线（L1、N），管长 0.75m＋0.35m（距墙中心的距离）＝1.1m。沿墙垂直配管到开关，3 线（L1、2K），管长 4m－0.3m－1.3m＝2.4m，沿顶棚平行配管到 3 管荧光灯，3 线（N、2K），管长 2m。

3 分支到①轴至②轴间走廊灯位盒，4 线（L1、N、PE、K），管长 3.9m，该灯位盒又有 3 个分支，可自行分析。

（4）分支 3 到③轴至④轴间走廊灯　从接线盒沿顶棚平行配管到③轴至④轴间走廊灯位盒，4 线（L2、N、L3、N），管长为 2m。

（5）分支 4 到二层③轴侧开关盒　二层走廊灯由 W4 配电，其二层③轴西部走廊灯的开关在③轴 1.3m 处，从接线盒沿墙配到开关盒，2 线（L3、N），管长 5.3m－3.7m＝1.6m。

5. W3、W4 回路分析

在③轴至④轴间走廊灯处有 3 个分支。因为 W3、W4 有一段共管，所以一起分析。

（1）分支 1　④轴至⑤轴间走廊灯，为 W3、W4 共管，4 线（L2、N、L3、N），管长 3.9m。在④轴至⑤轴间走廊灯处又有 3 个分支。

1 分支到浴室开关上方接线盒，4 线（L3、K、L2、N），管长 0.75m＋0.35m＝1.1m。垂直到开关，4 线（L2、K、L3、K），管长 4m－0.3m－1.3m＝2.4m。再穿墙到走廊灯开关，管长 0.2m，2 线平行到浴室灯，2 线（N、K），管长约 1.5m。平行到男卫生间灯，2 线（N、K），管长约 1.5m。男卫生间灯再到开关，可以少装一个接线盒。

2 分支到物理实验室开关上方接线盒，2 线（L2、N），管长 0.75m＋0.35m＝1.1m。垂直到开关，3 线（L2、2K），管长 2.4m。平行到荧光灯，3 线（N、2K），管长 1.5m。到风扇 3 线（N、2K），管长 1.5m。再到荧光灯，2 线（N、K），管长 1.5m。

3 分支到⑤轴至⑥轴间走廊灯，5 线（L2、N、L3、N、K），管长 3.9m。又分有 3 个分支，到女更衣室，到物理实验室，到门厅（雨篷）灯等，可自行分析。

（2）分支 2　从③轴至④轴间走廊灯处到花灯，2 线（L3、N），管长 3m＋0.75m＝3.75m，花灯到Ⓐ轴开关上方接线盒，4 线（L3、N、2K），管长 3m，接线盒到开关，5 线（L3、4K），管长 4m－0.3m－1.3m＝2.4m，从接线盒到壁灯，3 线（N、2K），管长 3.7m－2.5m＝1.2m，壁灯到门厅（雨水篷）灯，3 线（N、2K），管长约 3m。再到③轴壁灯，2 线（N、K），管长约 3m。

（3）分支 3　从③轴至④轴间走廊灯位盒到④轴与Ⓑ/Ⓒ轴交汇处开关上方接线盒，2 线（L3、K），管长约 2.2m。注意：该处有 2 个开关，一个为控制走廊灯的单联单控开关，一个为控制走廊楼梯灯的双控单联开关；另一个安装在二层③轴与Ⓑ/Ⓒ轴交汇处。

两个双控开关控制一盏灯在住宅中应用是非常普遍的，在卧室中常常是在进门处安装一个，在床头安装一个。现代的楼梯灯已经普遍应用声光控开关控制，声光控开关为电子器件，外部接线比较简单。

（4）两个双控开关控制楼梯灯的配线分析　每个双控开关之间的连线为 2 线（2SK），

配管从④轴与 B/C 轴交汇处开关上方接线盒沿一层楼板配至③轴与 B/C 轴交汇处的接线盒处，管长 4m，单线长 4m。该处的接线盒 W4 回路干线（L3、N）也在此配向二层开关处，此 4 线（L3、N、2SK）可以共管，配到二层 1.3m 高，管长 1.3m，单线长 1.3m。该高度有 2 个单控开关和一个双控开关，其中的 L3 要与 2 个单控开关连接，还要配到二层走廊④轴交⑤轴间的走廊灯开关处，N 线是经过开关配向二层顶棚的（注意 N 线在开关盒中不能有接头和绝缘损坏的情况），2 根 SK 线与双控开关连接，引出一根开关线，加上 2 个单控开关的开关线共 5 根线共管（L3、N、3K）配向二层顶棚接线盒处，管长 4－0.3（吊顶高）－1.3＝2.4m，单线长 2.4m。

　　注意：二层③轴与 B/C 轴交汇处的开关垂直配管的上方和下方导线的根数是不同的，开关下方配管中为 4 根线（L3、N、2SK），开关上方配管中为 5 根线（L3、N、3K）。而垂直配管中的导线是不标注的，这就需要知道每根导线的用途（功能线），通过分析就可以知道每段配管中的导线根数，这是电气配线分析中最难懂的部分。

　　（5）W4 在二层回路分析　在二层③轴的开关盒上方顶棚内安装接线盒，该接线盒内有 3 个分支，分支 1 到③轴西部走廊灯，2 线（N、K），分支 2 到③轴东部走廊灯，3 线（L3、N、K），分支 3 是到两个双控开关控制的二层楼梯平台走廊处，2 线（N、K），管长和线长等可自行计算。

6. W5 回路分析

　　W5 回路是向二层所有的单相插座配电的，插座安装高度为 0.3m。沿一层楼板配管配线。从配电箱到图书资料室③轴插座盒，3 线（L3、N、PE），管长 4m＋0.3m－2.15m＋2.25m－1.5m＝2.9m，单线长 2.9m＋1.29m＝4.19m。从图书资料室③轴插座盒到研究室(2)的③插座盒，3 线（L3、N、PE），管长 2.25m＋1.5m＋3m＋2×0.3m＋2×0.1m＝7.55m。线长 3×7.55m＝22.65m。其他可自行分析。

7. W6 回路分析

　　W6、W7 回路是沿二层顶棚配管配线的。从配电箱沿墙直接配到顶棚，安装一个接线盒进行分支，4 线（L1、N、L2、N），管长 7.7m－2.15m＝5.55m，单根线长 5.55m＋1.29m＝6.84m。

　　W6（2 线，L2、N）直接配到图书资料室接近 B/C 轴的荧光灯（灯位盒），再从灯位盒配向开关、风扇及其他荧光灯，可以实现从灯位盒到灯位盒，再从灯位盒到开关，虽然管、线增加了，但可以减少接线盒，减少中途接线的情况。由于该图比例太小，工程量计算不一定准确，如果管线增加得多，也可以考虑加装接线盒，例如，从图书资料室接近 B/C 轴的荧光灯到研究室的荧光灯，如果在开关上方加装接线盒，可以减少 2m 管和 2m 线。在选择方案时可以进行经济比较。其他可自行分析。

8. W7 回路分析

　　W7（2 线，L2、N）直接配到值班室球形灯，再从球形灯到开关及女卫生间球形灯等。从女卫生间球形灯到接待室开关上方加装接线盒，2 线（L2、N），管长约 3m。由于该房间的灯具比较多，配线方案可以有几种，现举例其中一种，并不一定合理，读者可以选择其他方案进行比较，确定比较经济的方案。

　　分支 1，从接线盒到开关（7 个开关），8 线（L2、7K），管长 2.4m。分支 2，从接线盒到接近⑧轴的荧光灯，壁灯和花灯线共管，8 线（N、7K），管长 1.5m。在该荧光灯处又进行分支，1 分支到壁灯，3 线（N、2K），管长 2m＋3.7m－3m＝2.7m。壁灯到壁灯，2 线（N、K），管长 3m。2 分支到荧光灯，3 线（N、2K），管长 3m。3 分支到花灯，4 线（N、3K），管长约 3m。

分支 2，从接线盒到⑤轴至⑥轴间开关上方接线盒，2 线（L2、N），管长约 5m。垂直沿墙到开关盒，5 线（L2、4K），管长 2.4m。接线盒再到荧光灯，5 线（N、4K），管长 1.5m。荧光灯到荧光灯，3 线（N、2K），管长 3m。荧光灯到壁灯，3 线（N、2K），管长 2m＋3.7m－3m＝2.7m。壁灯到壁灯，2 线（N、K），管长 3m。

到此，照明平面图分析基本完成，可能有的数据计算不准确，读者可自行纠正，也可以选择比较经济的配线方案，最后可以用列表的方式将工程量统计起来。需要说明的是，本书的工程量是从施工角度进行统计的，而工程造价的工程量计算是按惯例进行的，其计算量比施工的要大一些。

任务七　某住宅照明工程图识读

随着科技的发展和生活水平的提高，人们对居住的舒适度要求也越来越高。对住宅照明配电的要求就是方便、安全和可靠，体现在配线工程上，就是插座多、回路多、管线多。这里用一个实例来了解住宅照明配电的基本情况，分析方法与办公科研楼照明的分析方法是相同的。

一、某住宅照明平面图的基本情况

图 2-36、图 2-37 为某二层住宅楼的电气照明配电系统图和照明平面布置图。该图的灯具设置主要是从教学需要的角度而设计的，其目的主要是讨论电气配管配线施工和工程量计算方法。从照明配电系统图和照明平面图中得到的信息如下。

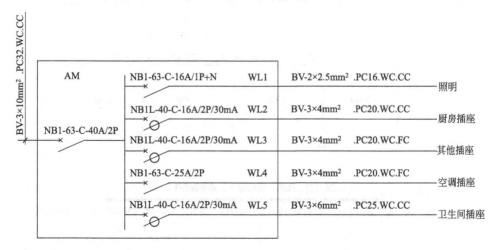

图 2-36　电气照明配电系统图

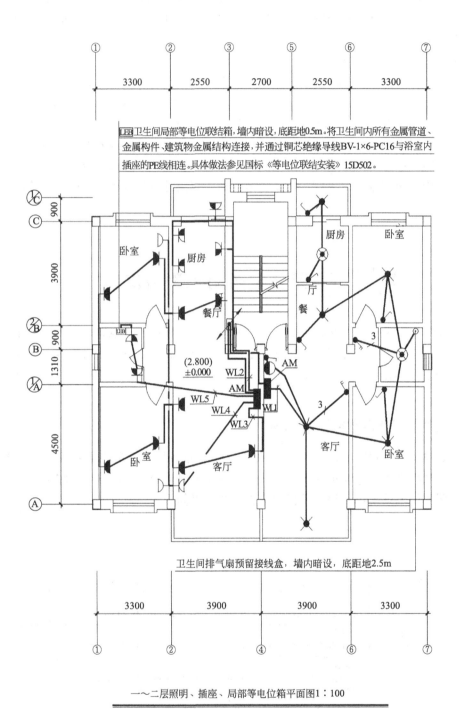

一～二层照明、插座、局部等电位箱平面图1:100

注：图中插座回路未注明导线根数的均为三根导线，照明回路未注明导线根数的均为两根导线

图 2-37　电气照明平面布置图

1. 回路分配

住户从住户箱分出 6 个回路，其中 WL1 为照明回路；WL2 为厨房插座回路；WL3 为其他插座回路；WL4 为空调插座回路；WL5 为卫生间插座回路。

2. 配电箱的安装

为了分析方便，从配电箱开始，从上向下进行，实际上，只要知道管线怎样布置，包括配管走向、导线数量、导管数量等，也就知道怎样配合土建施工了。

该建筑为钢筋混凝土框架结构，楼板为现浇板，墙体为加气混凝土砌块隔墙。住户箱安装高度为 1.8m，规格为宽 390mm，高 250mm，宽 140mm，墙上嵌入式安装，为成套配电箱，箱内有一个 40A2 级自动空气开关，1 个 16A 单级和中性级自动空气开关，3 个 16A2 级带漏电自动空气开关，2 个 25A 双级自动空气开关。

二、住宅照明平面图配管配线分析

因楼层结构标高为 2.8m，故顶板内敷管标高为 2.8m，不考虑楼板厚度问题。但埋地敷设时，在楼地面埋设深度按 0.1m 考虑。

1. WL1 回路

WL1 回路为照明回路，由 AM 箱顶部配出，沿墙向上配管至楼板内，再沿楼板配至客厅灯位盒，配管为外径 16mm 刚性阻燃管，管长为 (2.8−1.8−0.25) m（AM 箱顶距顶板距离）+2.5m（水平长度）=3.25m，导线 WL1 (L、N) 为 $2 \times 2.5 mm^2$，线长 3.25m×2=6.5m；经分线后，一路沿板沿墙配至客厅双联开关盒，管长为 (2.8−1.2) m（垂直配管）+2.3m（水平长度）=3.9m，导线 WL1 (L、2K) 为 $3 \times 2.5 mm^2$，线长 3.9m×3=11.7m；一路沿板配至客厅壁灯灯位盒，管长为 (2.8−2.4) m（垂直配管）+3m（水平长度）=3.4m，导线 WL1 (L、N) 为 $2 \times 2.5 mm^2$，线长 3.4m×2=6.8m；一路沿板配至南侧阳台灯位盒，管长为 3.4m（水平长度），导线 WL1 (L、N) 为 $2 \times 2.5 mm^2$，线长 3.4m×2=6.8m；一路沿板配至南侧卧室灯位盒，管长为 2.6m（水平长度），导线 WL1 (L、N) 为 $2 \times 2.5 mm^2$，线长 2.6m×2=5.2m；其余自行分析，共计有灯位盒 10 个。

2. WL2 回路

WL2 回路为厨房插座回路，由 AM 箱顶部配出，沿墙向上配管至楼板，再沿③轴线方向的楼板向下配至厨房防溅插座盒（离地 1.8m），向上配管至楼板；再沿楼板向下配至阳台防溅插座（离地 1.8m），向上配管至楼板，最后配至最后一个插座。配管为外径 20mm 刚性阻燃管，管长为 (2.8−1.8−0.25) m（AM 箱顶距顶板距离）+10.75m（水平长度之和）+ (2.8−1.8) m（插座盒至顶板垂直长度）×7=18.5m，导线 WL2 (L、N、PE) 为 $3 \times 4 mm^2$，线长 18.5m×3=55.5m。

3. WL3 回路

WL3 回路为其他插座回路，由 AM 箱底部配出，沿墙向下配管至地板，再沿轴线④方向的地板向上配至插座盒（离地 0.3m），向下配管至地板；再沿地板配至轴线⑥方向的地板向上配至插座盒（离地 0.3m），向下配管至地板；再沿地板配至最后一个插座。配管为外径 20mm 刚性阻燃管，管长为 (1.8+0.1) m（AM 箱下沿至地板垂直配管，含埋深）+ 27.6m（水平长度之和）+ (0.3+0.1) m（插座盒距地高度）×11=33.9m，导线 WL2 (L、N、PE) 为 $3 \times 4 mm^2$，线长 33.9m×3=101.7m。

将上述工程量用表格的形式进行表示，阅读或计算都比较方便。读者可以将剩余的 2 个回路继续统计，并将全部工程量归类计算。

工程量归类计算是将不同规格的管径，导线截面积，插座、开关、灯具等数量统计出来，如果知道其市场相对价格，也就知道了电气工程材料的总价格，按照规则计算就能知道电气工程总造价，这在以后的工作中可能会需要。

了解室内照明线路配线方式及其施工工艺是帮助我们读懂图纸并实现读图目的的基础之一。只有比较熟悉施工工艺及施工要求才能做出比较合理的工程造价。本书是按图纸统计出的工程量，与工程造价计算的工程量不同。

项目三　电气动力工程

任务一　电气动力工程概述

动力工程是用电能作用于电机来拖动的各种设备和以电能为能源用于生产的电气装置，如高、低压，交、直流电机，起重电气装置，自动化拖动装置等。包括以电动机为动力的设备，相应的配电控制箱和电气配电线路。

1. 动力配电设备

动力配电设备指控制各种动力受电设备的开关、动力配电箱或动力配电柜。

2. 动力受电设备

动力受电设备指各种加工机床、加热炉、起重设备、电机和电焊机等用电设备。

动力受电设备一般需要对称的 380V 三相交流电源（电焊机等少数设备可以使用两相 380V 或单相 220V 电源）供电，这是与使用单相 220V 电源的照明受电设备所不同的地方。

在电气平面图上，单台动力受电设备的受电点用设备框线内的一个小圆圈表示。单台动力受电设备的编号和功率标注在设备受电点旁，格式为：a/b，a：设备编号，b：设备功率（单位 kW）。

3. 动力配电线路

动力配电线路指连接动力配电设备和动力受电设备的电力线路。

动力受电设备连接导线时应注意：使用对称 380 V 三相电源的动力受电设备一般不需要中性线或零线。

在现代工农业生产中，大部分生产机械都是用电动机作为原动力的。

任务二　电动机

一、电动机的类型

电动机根据使用的电源不同又可分为直流和交流电动机两种。交流电动机又可分为三相电动机、单相电动机、异步电动机和同步电动机等。

在建筑设备中广泛采用的是三相交流异步电动机，如图3-1所示。对于三相笼式异步电动机凡中心高度为80～355mm，定子铁芯外径为120～500mm的称为小型电动机；凡中心高度为355～630mm，定子铁芯外径为500～1000mm的称为中型电动机；凡中心高度大于630mm，定子铁芯外径大于1000mm的称为大型电动机。

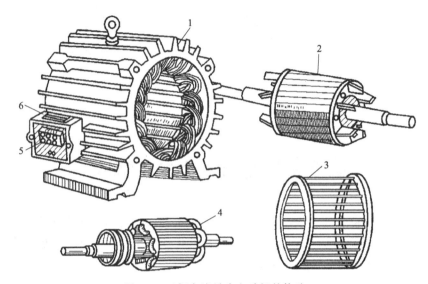

图 3-1　三相交流异步电动机的构造
1—定子；2—笼型转子；3—金属笼；4—绕线转子；5—接线盒；6—铭牌

二、三相异步电动机的基本结构

定子和转子构成三相异步电动机两个基本组成部分。

1. 定子

异步电动机的定子主要由机座、定子绕组和定子铁芯三部分组成。定子铁芯安放在机座内部，是电动机磁路的一部分，为了减少涡流损失，它由0.5mm厚的相互绝缘的硅钢片叠合成筒形。在铁芯的内表面分布有与转轴平行的槽，用以安放定子绕组。

定子绕组是定子中的电路部分，它是用绝缘导线绕制成线圈，然后按照一定的规律嵌置在定子铁芯的槽孔内。三相异步电动机有三相对称的定子绕组：A—X、B—Y、C—Z。三相绕组的6个端钮的编号分别为D_1、D_4、D_2、D_5、D_3和D_6，其中D_1、D_2、D_3为三相绕组首端，D_4、D_5、D_6为三相绕组的末端。为了接线方便，将这6个端钮都引到电动机外面的接线盒上，接线盒内接线柱的布置如图3-2所示。如果每相绕组的额定电压等于三相电源的相电压，则三相绕组就应该作三角形连接，如果每相绕组的额定电压等于三相电源电压，则三相绕组就应该作星形连接。

2. 转子

转子是电动机的转动部分，它由转轴、转子铁芯和转子绕组所组成。电动机转轴一般是由碳钢制成的，用以支撑转子铁芯和传递功率，两端放置在电动机端盖内的轴承上。转子铁芯也是采用0.5mm厚的硅钢片叠合成的圆柱体，并且片与片之间相互绝缘。在转子铁芯硅钢片的圆周上冲有凹槽，槽中嵌放转子绕组。转子铁芯硅钢片如图3-3所示。

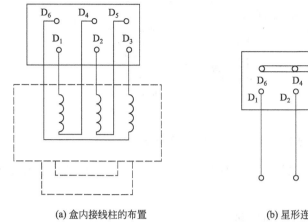

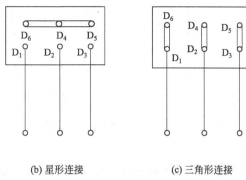

(a) 盒内接线柱的布置 (b) 星形连接 (c) 三角形连接

图 3-2 三相异步电动机的接线图

笼式和绕线式是转子绕组的两种形式。笼式转子的绕组是由安装在铁芯槽内的裸导体构成的，这些裸导体的两端分别焊接在两个钢制端环上，使所有导体处于短路。一般中小型笼式异步电动机的转子绕组大多用铸铝绕制而成，大型电机用铜条制成。因为绕组的形状类似笼子，故得名笼式绕组，笼式转子如图 3-4 所示。

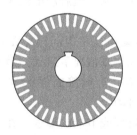

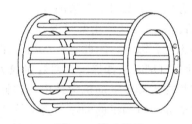

图 3-3 转子铁芯硅钢片　　　图 3-4　笼式转子

绕线式转子的绕组与定子绕组类似，也是由三相对称绕组组成的，并把它安装在转子铁芯槽内。一般情况下，转子绕组是把三相绕组的末端连接在一起，成星形连接法。三相绕组的始端分别接在固定转子轴上的彼此绝缘的三个铜环上，然后再经过电刷将转子绕组的始端与外加变阻器相连接。

3. 三相异步电动机的工作原理

（1）当定子三相绕组接上三相交流电源，通过绕组和三相电流会产生一个在空间旋转的磁场。

（2）旋转的磁场由于与转子导体发生相对运动，使转子导体上产生感应电流。

（3）这个旋转磁场又与转子导体上的感应电流发生相互作用，产生一个电磁转矩，驱动转子发生转动。

4. 三相电动机的铭牌

每台三相交流异步电动机出厂前，机壳上都钉有一块铭牌，如图 3-5 所示，它是一个最简单的说明书（主要包括型号、额定值和接法等）。

Y 系列是小型笼式三相异步电动机；JR 系列是小型转子绕线式三相异步电动机。例如型号是 Y160M2-2 的电动机，其中 Y 代表 Y 系列异步电动机，160 代表机座中心高度为

三相交流异步电动机			
型号	Y280M-2	功率	90kW
电压	380V	电流	164A
接法	Y	转速	2970r/min
频率	50Hz	绝缘等级	B
工作方式	S1	防护等级	IP44
重量	551kg	效率	0.92
××电机股份有限公司		2006年×月×日	

图 3-5　Y 系列三相交流异步电动机的铭牌

160mm，M 代表中机座，前面的 2 代表铁芯长度代号，后面的 2 代表电机的旋转磁场的磁极数。

5. 三相交流异步电动机的启动、调速与制动

（1）三相交流异步电动机的启动　三相交流异步电动机接上电源，转速由零开始运转，直至稳定运转状态的过程，称为启动。三相交流异步电动机的启动要求是启动电流小，启动转矩足够大，启动时间短。笼形三相交流异步电动机的启动方法有直接启动和降压启动两种。

① 直接启动。把三相交流异步电动机三相定子绕组直接加上额定电压的启动称为直接启动，此方法启动最简单，投资少，启动时间短，启动可靠，但启动电流大。是否采用直接启动，取决于电源的容量及启动频繁的程度。

② 降压启动。降压启动的主要目的是为了限制启动电流，但问题是在限制启动电流的同时，启动转矩也受到限制，因此它只适用于在轻载或空载情况下启动。最常用的启动方法有 Y-△换接启动和自耦补偿器启动。对容量较大或正常运行时接成 Y 形连接而不能采用△形启动的笼形三相交流异步电动机常采用自耦补偿器启动。

（2）三相交流异步电动机的调速　为了符合提高效率或节能的要求，在工作过程中有时需要调速。三相交流异步电动机的调速方法有变极调速、变频调速和变转差率调速。

（3）三相交流异步电动机的制动　所谓制动是指要使三相交流异步电动机产生一个与旋转方向相反的电磁转矩（即制动转矩），可见三相交流异步电动机制动状态的特点是电磁转矩方向与转动方向相反。三相交流异步电动机常用的制动方法有能耗制动、反接制动和回馈制动。

任务三　电动机安装

1. 安装要求

（1）电动机安装前应仔细检查，符合要求方能安装。

（2）电动机安装前的工作内容主要包括设备的起重，运输，定子、转子、机轴和轴承座的安装与调整工作，电动机绕组的接线，电动机的干燥等工序。

2. 安装程序

电动机的安装程序为：电动机的搬运→安装前的检查→基础施工→电动机的调试→电动机的接线→安装固定及校正。

一、电动机的基础施工

电动机的基础一般用混凝土或砖砌筑，其基础形状如图 3-6 所示。电动机的基础尺寸应根据电动机的基座尺寸确定。采用水泥基础时，如无设计要求，基础重量一般不小于电动机重量的 3 倍。基础应高出地面 100～150mm，长和宽各比电动机基座宽 100mm。在浇筑混凝土基础前，应预埋地脚螺栓或预留孔洞。安装 10kW 以下的电动机前，一般在基础上预埋地脚螺栓。安装 10kW 以上的电动机前，一般是根据安装孔尺寸在现浇混凝土上或砌砖基础上预留孔洞（100mm×100mm），以便电动机底座安装完

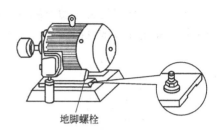

图 3-6　电动机的基础形状

毕后进行二次灌浆，而地脚螺栓的根部做成钩形或做成燕尾形。

15 天养护期满后，方可安装电动机。固定在基础上的电动机，一般应有 1.2m 的维护通道。

二、电动机的安装及校正

电动机的基础施工完毕后，便可以安装电动机。电动机用吊装工具吊装就位，使电动机基础口对准并穿入地脚螺栓，然后用水平仪找平，找平时可用钢垫片调整水平。用螺母固定电动机基座时，要加垫片和弹簧圈起放松作用。有防振要求的电动机，在安装时用 10mm 厚的橡皮垫在电动机基座与基础之间，起到防振作用。紧固地脚螺栓的螺母时，按对角交叉顺序拧紧，各个螺母拧紧程度应相同。用地脚螺栓固定电动机的方法如图 3-7 所示。

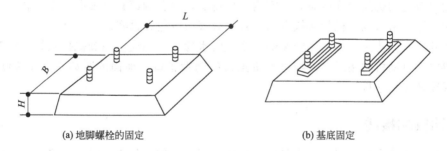

(a) 地脚螺栓的固定　　　　　　　　　　(b) 基底固定

图 3-7　用地脚螺栓固定电动机

三、传动装置的安装与校正

电动机传动方式：带传动、联轴器传动、齿轮传动。

带传动的校正：带传动时，为了使电动机和它所驱动的机器得到正常运行，就必须使电动机带轮的轴和被驱动机器的带轮的轴保持平行，同时还要使两个带轮宽度的中心在同一直线上。

联轴器的找正：当电动机与被驱动的机械采用联轴器连接时，必须使两轴的中心线保持在一条直线上，否则，电动机转动时将产生很大的振动，严重时会损坏联轴器，甚至扭弯、扭断电动机轴或被驱动机械的轴。

齿轮传动校正：齿轮传动必须使电动机的轴保持平行。大小齿轮啮合适当。如果两齿轮

的齿间间隙均匀，则表明两轴达到了平行。

四、电动机的配管

电动机的配线施工是动力配线的一部分，是由动力配电箱至电动机的这部分配线，通常采用管内穿线埋地敷设的方法，如图 3-8 所示。

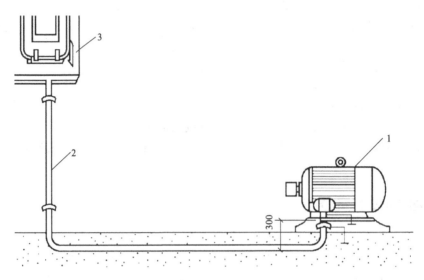

图 3-8　钢管埋入混凝土内安装方法
1—电动机；2—钢管；3—配电箱

当钢管与电动机间接连接时，对室内干燥场所，钢管端部宜增设电线保护软管或可挠金属电线保护管后引入电动机的接线盒内，且钢管管口应包扎紧密。

对室外或室内防潮场所，钢管端部应增设防水弯头，导线应加套保护软管，经弯成滴水弧状后再引入电动机的接线盒。与电动机连接的钢管管口与地面的距离宜大于 200mm。电动机外壳须做接地连接。

五、电动机的接线

电动机的接线在电动机安装中是一项非常重要的工作，如果接线不正确，不仅电动机不能正常运行，还可能造成事故。接线前应查对电动机名牌上的说明或电动机接线板上接线端子的数量与符号，然后根据接线图接线。当电动机没有铭牌或端子标号不清楚时，应先用仪表或其他方法进行检查，判断出端子号后再确定接线方法。在电动机接线盒内裸露的不同相导线间和导线对地间最小距离应大于 8mm，否则应采取绝缘防护措施。

六、电动机的试验

电压 1000V 以下，容量 100kV·A 以下的电动机实验项目包括：测量绕组的绝缘电阻；测量可变电阻器、启动电阻器和灭磁电阻器的绝缘电阻；检查定子绕组极性及连接的正确性；电动机空载运行应检测空载电流。

七、控制设备的安装

（1）磁力启动器的安装　为了便于对单台电动机进行控制，将接触器、热继电器组合在一起安装在一个铁盒里面，配上按钮就成了磁力启动器。磁力启动器可以实现电动机的停、转控制以及失压、欠压和过载保护。磁力启动器安装前，应根据被控制电动机的功率和工作状态选择合适的型号，其安装工序是：开箱→检查→安装→触头调整→注油→接线→接地。

（2）软启动器的安装　软启动是一种新型的智能化启动装置，它利用单片机技术与电力半导体的结合，不仅实现了启动平滑、无冲击、无噪声的特性，还具有断相、短路及过载等保护功能。

安装软启动器之前，应仔细检查产品的型号、规格是否与电极的功率相匹配。安装时应根据控制线路图正确接线，根据软启动的容量选择相应规格的动力线。安装完毕可根据实际要求选择启动电流、启动时间等参数。

任务四　电动机控制

电动机的控制电路是由各种电压电器，如接触器、继电器及按钮等，按一定的要求连接而成的，其作用是实现对电力拖动系统的自动控制。

一、异步电动机单向运行控制电路

1. 线路的基本构成

图 3-9 所示为异步电动机直接启动控制电路，该电路由主电路和控制电路构成。主电路包括刀开关 Q、熔断器 FU、交流接触器 KM 主触点、热继电器 FR 及异步电动机。控制电路包括启动按钮 SB_2、停止按钮 SB_1、交流接触器线圈 KM、交流接触器常开触点 KM 及热继电器常闭触点 FR。

2. 线路的工作原理

合上刀开关 Q，接通主电路电源，然后按下 SB_2，此时交流接触器线圈 KM 得电，使交流接触器常开主接触点 KM 闭合，电动机得电启动运行，同时与 SB_2 并联的 KM 闭合，形成自锁。与启动按钮并联的辅助触点也被称作"自锁触点"。由于自锁触点的存在，当电网电压消失（例如停电）又重新恢复时，电动机及其拖动的运行机构不能自行启动。若想重新启动电动机，必须再次按下启动按钮 SB_2，这样就避免了那种突然失电后又来电，使得电动机自启动所引起的意外事故。

停机控制：按下停止按钮 SB_1，交流接触器线圈 KM 失电，使主电路及控制电路的 KM 回到正常状态，电动机停止运行。

3. 线路的保护

短路保护：当线路发生短路故障时，刀开关内熔体熔化而切断主电路和控制电路。

过载保护：当电动机出现过载运行时，熔断器 FU 不熔断，但热继电器 FR 在电流的热效应作用下，经过一段时间使串在控制电路中的常闭触点 FR 断开，这就相当于按下停止按钮 SB_1。

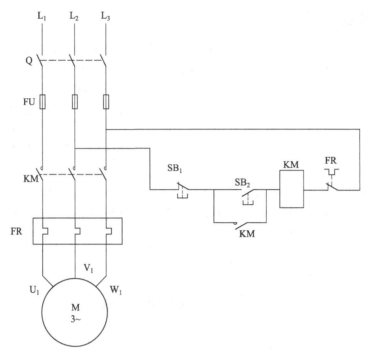

图 3-9　异步电动机直接启动控制电路

失（欠）压保护：当线路失压或者欠压时，交流接触器的线圈电压低于 380V，电磁力吸力小于反作用弹簧的作用力，将使交流接触器的闭合触点断开，切除故障。

二、异步电动机的正反转控制电路

在实际生产过程中，各种机械常常要求上下、左右及前后等相反方向的运动，这就要求电动机能够正反方向旋转。只要把电动机定子绕组连接的三相电源任意两根相线对调，即可改变三相交流异步电动机的转动方向，为此，利用两个不同时工作的交流接触器可以完成这一任务。异步电动机的正、反转控制线路如图 3-10 所示。在图 3-10（a）所示的控制电路中，利用 KM_{12} 和 KM_{22} 两个动态辅助触点，在控制电路中建立起相互制约的作用，使两个接触器不能同时工作，这种作用称为联锁。如图 3-10（b）所示的为线路的工作原理图，将负荷开关 Q 合闸，为电动机的正反转做准备。

1. 正向运行

按下 SB_1，接触器线圈 KM_1 通电，主触点 KM_1 闭合，电动机 M 正向运行，辅助触点 KM_{11} 闭合自锁，辅助触点 KM_{12} 断开，切断 KM_2 电路，防止 KM_2 线圈得电。

2. 停止运行

按下 SB，接触器线圈 KM_1 失电，主触点 KM_1 断开，电动机 M 停转，辅助触点 KM_{11} 断开，触点复位；辅助触点 KM_{12} 闭合，为线圈 KM_2 通电做准备。

3. 反向运行

按下 SB_2，接触器线圈 KM_2 通电，主触点 KM_2 闭合，电动机 M 反向运行；辅助触点 KM_{21} 闭合自锁；辅助触点 KM_{22} 断开，切断 KM_1 电路，防止 KM_1 线圈得电。

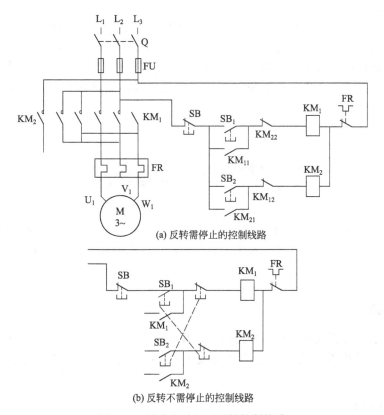

(a) 反转需停止的控制线路

(b) 反转不需停止的控制线路

图 3-10　异步电动机正反转控制线路

任务五　电动机调试

电动机调试是电动机安装工作的最后一道工序，调试的内容包括：电动机、开关、保护装置和电缆等一二次回路的调试。

1. 电动机调试的内容

（1）电动机在试运行前的检查。接通电源前，应再次检查电动机的电源进线、接地线与控制设备的连接线等是否符合要求。

（2）检查电动机绕组和控制线路的绝缘电阻是否符合要求，一般应不低于 0.5MΩ。

（3）扳动电动机转子时应转动灵活，无碰卡现象。

（4）检查传动装置，传动带不能过松、过紧，传动带连接螺钉应紧固，传动带扣应完好，无断裂和损伤现象。

（5）检查电动机所带动的机器是否已做好启动准备，准备好后，才能启动。电动机的振动及温升应在允许范围内。

（6）电动机试车完毕，交工验收提交下列技术资料文件：变更设计部分的实际施工图；变更设计的证明文件；制造厂提供的产品说明书，试验记录及安装图样等技术文件；安装验收记录（包括干燥记录，抽芯检查记录等）；调整实验记录及报告。

2. 电动机调试的方法

电动机在空载情况下做第一次启动，并指定专人操作。空载运行 2h，并记录电动机空载电流。空载运行正常后，再进行带负荷运行。

交流电动机带负荷启动，一般在冷态时，可连续启动 2 次，每次启动时间间隔要超过 5min，在热态时，启动 1 次。电动机在运行中应无杂音，无过热现象，电动机振动幅值及轴承温升应在允许范围之内。

任务六 动力配电线路

由于动力线路具有线路电流大等特点，决定了它除了与照明线路具有相同的管子配线外，还具有其他的特殊配线方式。常用的有母线配线、瓷绝缘子配线、滑触线配线、电缆配线等。

一、母线配线

母线也叫干线或汇流排。它是电路的主干线，在供电工程中，一般把电源送来的电流汇集在母线上，然后按需要从母线送到各分支的电路上分配出去。详见项目四关于母线的介绍。

1. 硬母线配线

即用矩形截面的铜或铝母线在车间上方跨梁、跨柱、沿柱或沿墙安装敷设。

图 3-11 为低压硬母线沿墙水平安装结构示意图，标注为：TMY-3（50×5）＋30×4-K-WS。

硬母线跨柱和沿柱安装线路，标注为：TMY-3(50×5)＋30×4-K-AC。

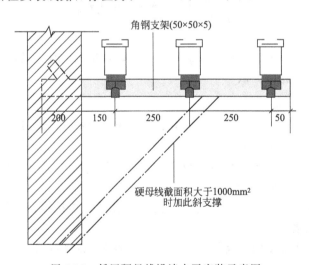

图 3-11　低压硬母线沿墙水平安装示意图

2. 插接式母线配线

插接式母线是将母线用绝缘材料隔离并封装在金属壳内构成的一节节母线，节间用接插式的方式连接。插接母线由各种不同的组装件组合安装构成，其基本结构示意如图 3-12 所示。

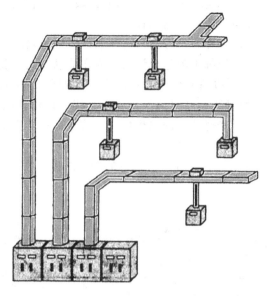

图 3-12　插接母线基本结构示意图

标注 GMM-800/3-CE 表示额定电流 800A 的三极 GMM 型插接母线吊装安装在顶棚上。

二、普通绝缘导线瓷绝缘子配线

图 3-13 为绝缘子沿墙水平敷设示意图，标注为 BBX-3×25+1×10-K-WS。

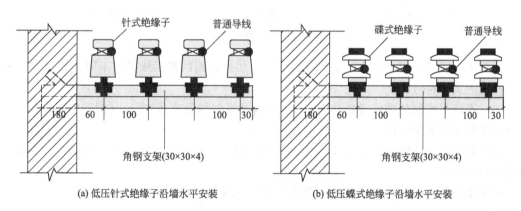

(a) 低压针式绝缘子沿墙水平安装　　　　(b) 低压蝶式绝缘子沿墙水平安装

图 3-13　绝缘子沿墙水平安装图

三、起重机（吊车、行车）滑触线配线

吊车是工厂车间常用的起重设备。常用的吊车有电动葫芦和梁式吊车等。吊车的电源通过滑触线供给，即配电线经开关设备对滑触线供电，吊车上的集电器再由滑触线上取得电源。滑触线分为轻型滑触线，安全节能型滑触线，角钢、扁钢滑触线，圆钢、工字钢滑触线等。

桥式吊车滑触线通常与吊车梁平行敷设，设置于吊车驾驶室的相对方向。而电动葫芦和悬挂梁式吊车的滑触线一般装在工字钢的支架上。

（1）滑触线的安装准备工作　滑触线的安装准备工作包括定位、支架及配件加工、滑触线支架的安装、地脚螺栓的胶合组装、绝缘子的安装等。

（2）滑触线的加工安装　滑触线尽可能选用质量较好的材料。滑触线连接处要保持水平，毛刺边应事先锉光，以免妨碍集电器的移动。

滑触线固定在支架上以后能在水平方向自由伸缩。滑触线之间的水平和垂直的距离应一致。如滑触线较长，为防止电压损失超过允许值，需在滑触线上加装辅助导线。滑触线长度超过 50m 时应装设补偿装置，以适应建筑物沉降和温度变化而引起的变形。补偿装置两端的高差，不应超过 1mm。滑触线与电源的连接处应上锡，以保证接触良好。滑触线电源信号指示灯一般应采用红色的、经过分压的白炽灯泡，信号指示灯应安装在滑触线的支架或墙壁等便于观察和显示的地方。

滑触线是为车间起重机（吊车、行车）配电的专用线路。图 3-14 为角钢滑触线在钢梁上安装的示意图。

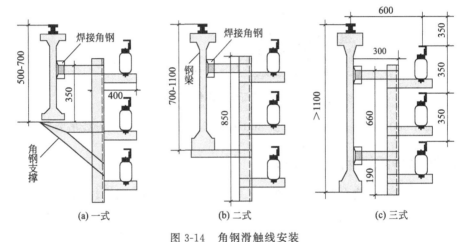

图 3-14　角钢滑触线安装

滑触线在图纸上用点划线绘制的图线表示，根据采用的滑触线类型不同在绘制的图线旁标注相应的文字符号。

如：点画线绘制的图线旁标注 WT－φ12 表示滑触线是直径 12 mm 圆钢材料制作。WT 是滑触线的专用文字标注。

点画线绘制的图线旁标注 WT－L50×50×5 表示滑触线规格是 50mm×50mm×5mm 的角钢材料制作。

在不会引起混淆的情况下，工程图上的 WT 文字标注往往省略。

四、电缆配线

电缆是一种多芯导线，即在一个绝缘软管内裹有多根互相绝缘的线芯。电缆的结构由缆芯、绝缘层和保护层三部分组成。

1. 电缆种类

（1）电力电缆　电力电缆是用来输送和分配大功率电能的导线。无铠装的电缆适用于室内、电缆沟内、电缆桥架内和穿管敷设，但不可承受压力和拉力。钢带铠装电缆适于直埋敷设，能承受一定的压力，但不能承受拉力。

电缆按绝缘材料的不同，有油浸纸绝缘电力电缆和交联聚乙烯绝缘电力电缆。额定的工作电压一般有 1kV、3kV、6kV、10kV、20kV 和 35kV6 种。电力电缆结构如图 3-15 所示。

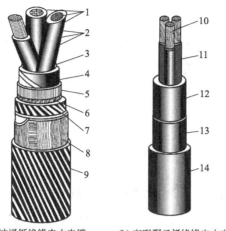

(a) 油浸纸绝缘电力电缆　　　(b) 交联聚乙烯绝缘电力电缆

图 3-15　电力电缆

1—铝芯；2—油浸纸绝缘层；3—麻筋（填料）；4—油浸纸；5—铝包（或铅包）；6—涂沥青的纸带（内护层）；
7—涂沥青的麻包（内护层）；8—钢铠（外护层）；9—麻包（外护层）；10—铝芯（或铜芯）；
11—交联聚乙烯（绝缘层）；12—聚氯乙烯护套（内护层）；13—钢铠（或铝铠）；14—聚氯乙烯外壳

我国常用的电力电缆型号及名称见表 3-1。

表 3-1　常用的电力电缆型号及名称

型号		名称
铜芯	铝芯	
VV	VLV	聚氯乙烯绝缘聚氯乙烯护套电力电缆
VV-22	VLV22	聚氯乙烯绝缘钢带铠装聚氯乙烯护套电力电缆
ZR-VV	ZR-VLV	阻燃聚氯乙烯绝缘聚氯乙烯护套电力电缆
ZR-VV22	ZR-VLV22	阻燃聚氯乙烯绝缘钢带铠装绝缘聚氯乙烯护套电力电缆
NH-VV	NH-VLV	耐火聚氯乙烯绝缘聚氯乙烯护套电力电缆
NH-VV22	NH-VLV22	耐火聚氯乙烯绝缘钢带铠装绝缘聚氯乙烯护套电力电缆
YJV	YJLV	交联聚乙烯绝缘聚乙烯护套电力电缆
YJV22	YJLV22	交联聚乙烯绝缘钢带铠装聚乙烯护套电力电缆

（2）控制电缆　控制电缆用于配电装置、继电保护和自动控制回路中传送控制电流、连接电气仪表及电气元件等。

控制电缆运行电压一般在交流 500V、直流 1000V 以下，线芯数为几芯到几十芯不等，截面积为 $1.5\sim10\text{mm}^2$。控制电缆的结构与电力电缆相似。

2. 电缆的敷设方式

（1）电缆直埋敷设　埋地敷设的电缆宜采用有外护层的铠装电缆。在无机械损伤的场所，可采用塑料护套电缆或带外护层的（铅、铝包）电缆。

电缆埋地敷设如图 3-16 所示。埋地敷设电缆的程序是：电缆检查→挖电缆沟→电缆敷设→埋标桩→盖盖板→铺砂盖砖。

直埋敷设时，电缆埋设深度不应小于 0.7m，穿越农田时不应小于 1m。在寒冷地区，电缆应埋设于冻土层以下。电缆沟的宽度根据电缆的根数与散热所需的间距而定。

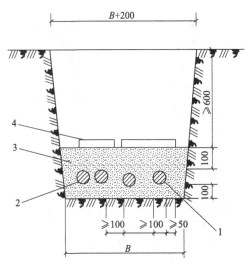

图 3-16　10kV 及以下电缆沟结构示意图

1—10kV 及以下电力电缆；2—控制电缆；3—砂或软土；4—保护板

（2）电缆沟内敷设　电缆在专用电缆沟或隧道内敷设是室内外常见的电缆敷设方法。电缆沟一般设在地面下，通常由土建专业施工，由砖砌成或由混凝土浇注而成，沟顶部用混凝土盖板封住，在沟壁上用膨胀螺栓固定电缆支架，也可将支架直接埋入沟壁，电缆安装在支架上。

电缆敷设在电缆沟或隧道的支架上时，电缆应按下列顺序排列：高压电力电缆应放在低压电力电缆的上层；电力电缆应放在控制电缆的上层；强电控制电缆应放在弱电控制电缆的上层。若电缆沟或隧道两侧均有支架时，1kV 以下的电力电缆与控制电缆应与 1kV 以上的电力电缆分别敷设在不同侧的支架上，室内电缆沟如图 3-17 所示。

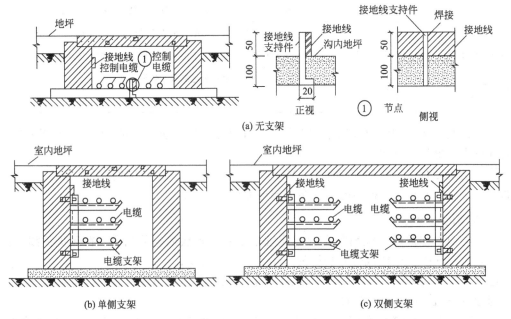

图 3-17　室内电缆沟

（3）电缆桥架敷设　架设电缆的构架称为电缆桥架。电缆桥架按结构形式分为托盘式、梯架式、槽式、组合式等，按材质分为钢电缆桥架和铝合金电缆桥架。

电缆桥架的主体部件包括：立柱，底座，横臂，梯架或槽形钢板桥架，盖板及二、三、四通弯头等。其敷设方式有水平、垂直和转角、T字形、十字形分支。

为保护线路运行安全，下列情况的电缆不宜敷设在同一层桥架上：①1kV以上和1kV以下的电缆；②同一路径向一级负荷供电的双路电源电缆；③应急照明和其他照明的电缆；④强电和弱电电缆。电缆桥架内的电缆应在首端、尾端、转弯及每隔50m处设置编号、型号、规格及起止点等标记。电缆桥架在穿过防火墙及防火楼板时，应采取防火隔离措施。

3. 电力电缆连接与试验

（1）电力电缆的连接　电缆敷设完毕后，为了使其成为一个连续的线路，各线段必须连接为一个整体，这些连接点称为电缆接头。电缆线路两个首末端称为终端头，中间的接头则称为中间接头。它们的主要作用是确保电缆密封、电路通畅，并保证电缆接头处的绝缘等级，使其安全可靠地运行。

电缆头按其线芯材料可分为铝芯电力电缆头和铜芯电力电缆头。电缆头制作分为热缩式、冷缩式、干包式，电缆头还分为环氧树脂浇注式、矿物绝缘电缆头等，特别是预分支电缆头，在现代高层建筑中使用普遍。

（2）电力电缆的实验　电缆线路施工完毕后，须测量绝缘电阻、进行直流耐压试验并测量漏电电流、电缆线路的相位要与电网相位相吻合，经试验合格后办理交接验收手续方可投入运行。

任务七　动力工程电气平面图识读

一、动力工程电气平面图概述

1. 车间动力设备概况

某机修车间动力电气系统图如图3-18所示。车间动力设备编号有32台，其中12号为单梁行车（桥式起重机），25号为电焊机，其余均为机床类设备。

车间共有1台总配电柜AP，5台动力配电箱，9个负荷开关。

2. 动力设备配电概况

总配电柜AP（600mm×1600mm×350mm），落地安装。

WP1供至车间北部的动力配电箱AP1/AP2/AP3，再引出至1～11号设备。

WP2供至车间中部的动力配电箱AP4，再引出至16～18，23～24号5台设备。

WP3供至车间中部的动力配电箱AP5，再引出至13～15，19～22号7台设备。

WP4供至车间南部的25～32号8台设备负荷开关，采用针式瓷绝缘子支架配线方式。

WP5供给桥式起重机负荷开关，桥式起重机是移动设备，采用滑触线安装。

WP6供至电容器柜ACP，同总配电箱。

功率因数集中补偿，提高功率因数可使供电线路的电流减少，从而减少线路上的电压损失和功率损耗，并提高供电设备的利用率。

WL1车间照明，由金属线槽配线。

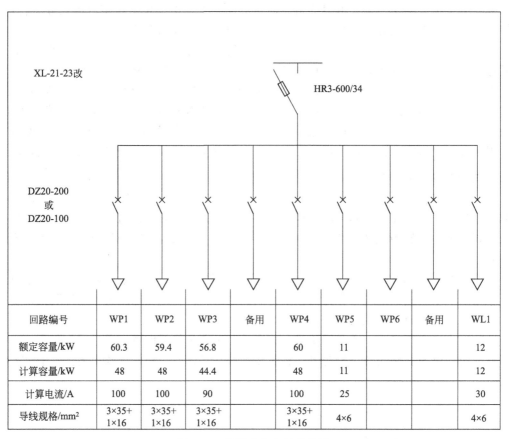

回路编号	WP1	WP2	WP3	备用	WP4	WP5	WP6	备用	WL1
额定容量/kW	60.3	59.4	56.8		60	11			12
计算容量/kW	48	48	44.4		48	11			12
计算电流/A	100	100	90		100	25			30
导线规格/mm²	3×35+1×16	3×35+1×16	3×35+1×16		3×35+1×16	4×6			4×6

图 3-18　车间动力电气系统图

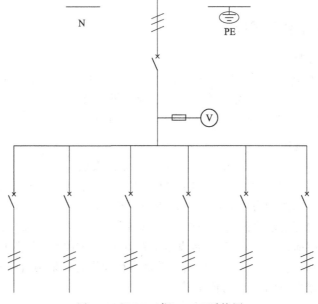

图 3-19　XXL（仪）-07C 系统图

二、动力工程电气平面图分析

某机修车间动力工程电气平面图如图 3-20 所示。

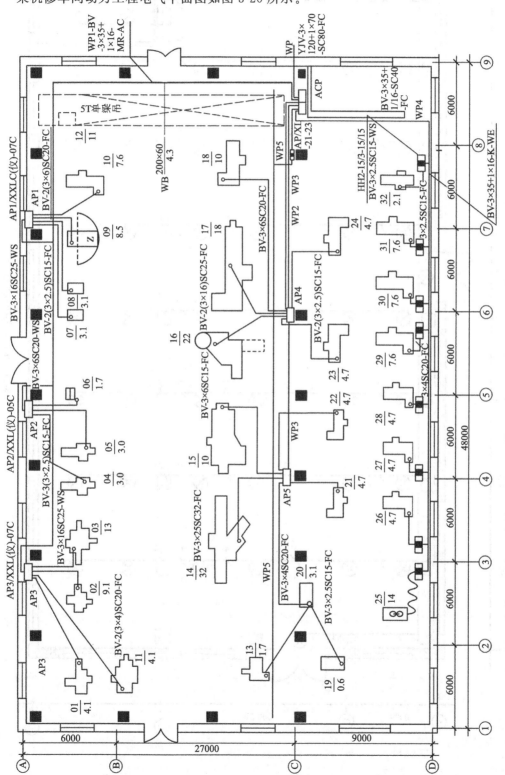

图3-20 某机修车间动力工程电气平面图

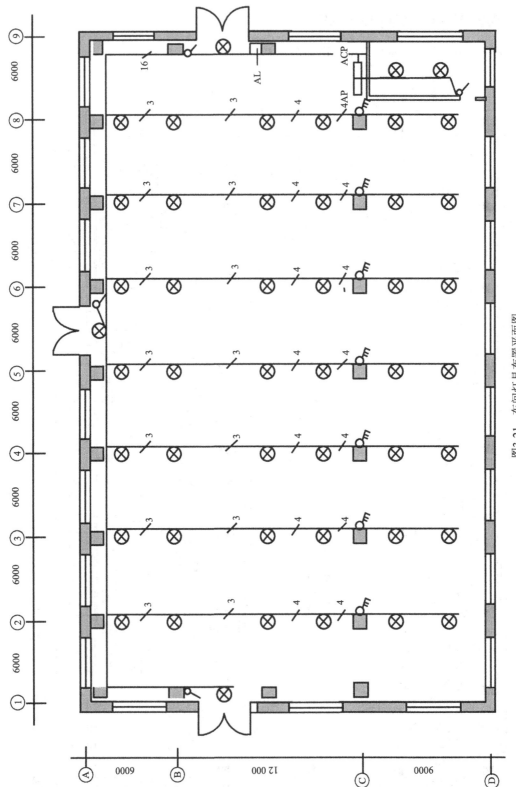

图3-21 车间灯具布置平面图

1. 进户线

地下电缆 YJV-3×120+1×70 进户，穿钢管 $DN80mm$，沿地暗配至总配电箱，计算至外墙。计算电缆长度时，加配电箱的预留长度，后同。

SC80　1.4×2.3+（0.7+0.2）↑=4.12（m）

YJV-3×120+1×70　4.12+1.6+0.6=6.32（m）

2. WP1 回路配电分析

（1）动力配电箱　AP1.3/XXL（仪）-07C 动力配电箱 650mm×540mm×160mm，悬挂式明装，配电箱离地 1.5m，AP2/XXL（仪）-05C 动力配电箱 450mm×450mm×160mm，悬挂式明装，配电箱离地 1.5m。XXL（仪）-07C 系统图如图 3-19 所示。

（2）金属线槽配线　根据现场要求，金属线槽离地 4.3m，采用 6m 一节的 200mm×60mm 的大跨距线槽，线槽水平固定采用 40mm×4mm 角钢，每隔 1.5m 设置一个，柱上固定的考虑 240mm 长，墙上固定的考虑 840mm 长，固定在墙柱的考虑为 200mm 长，垂直直接固定在墙上。

WP1 和 WL1 同槽敷设，从ⓒ～Ⓐ轴和①～⑨轴。

MR200×60　6×11+（4.3-1.6-0.2）↑+0.6×2.3=69.88（m）

40mm×4mm 角钢　10×（0.24+0.20）+（11×3+2）×（0.84+0.20）=40.8（m）

（3）线槽配线导线　WP1 和 WL1 同槽敷设，从ⓒ～Ⓐ轴和①～⑨轴。由图 3-20 知，到⑤轴线变径。AP2～AP3 变为 BV-3×16，到后面再计算。

MR200×60　6×11+［4.3-1.6-0.2（埋深）］↑+0.6×2.3（比例）=69.88（m）

BV-35　［7×6+（4.3-1.6-0.2）↑+0.6×2.3+（1.6+0.6）］×3=144.28（m）

BV-16　7×6+（4.3-1.6-0.2）↑+0.6×2.3+（1.6+0.6）=48.08（m）

（4）AP1 配线 BV-3×16SC25-WS　从金属线槽到动力配电箱 AP1 是镀锌焊接钢管 $DN25mm$ 沿墙敷设，直接用 3mm 钢管作为 PEN。

$DN25mm$　（4.3-1.5-0.54）↓+（0.9×2+0.7×2.3）=5.67（m）

BV-16　［5.67+1.5+（0.65+0.54）］×3=25.08（m）

从 AP1 到 10 号设备是穿镀锌焊接钢管 $DN20mm$，沿地暗配至 10 号设备，用一段金属波纹管保护进入设备的电源接线箱。

$DN20mm$　（1.5+0.2）↓+（1+1.2）×2.3+0.2（埋深）+0.2（配电柜的基础高 100mm 和管露出基础 50～80mm）=7.18（m）

$DN20mm$ 金属波纹管　0.3m

BV-6 ［7.18+（0.65+0.54）+0.3+1］×3=29.01（m）

（5）AP2 配线 BV-3×6SC20-WS　从金属线槽到动力配电箱 AP2 是镀锌焊接钢管 $DN20mm$ 沿墙敷设，直接用 3mm 钢管作为 PEN。

$DN20mm$　$DN25mm$　（4.3-1.5-0.54）↓+0.6=2.86（m）

BV-6　［2.95+1.5+（0.45×2）］×3=16.05（m）

（6）AP3 配线 BV-3×16SC25-WS　从总配电柜到动力配电箱 AP3 是在⑤轴金属线槽变径后，在③轴金属线槽再到镀锌焊接钢管 $DN25mm$ 沿墙敷设，直接用 3mm 钢管作为 PEN。

$DN25mm$　（4.3-1.5-0.54）↓+0.6=2.86（m）

BV-16　［2.95+1.5+（0.45×2）］×3+6×2×4（线槽穿线）=64.05（m）

3. WP2 回路配电分析（BV-3×35 SC32-FC）

WP2 回路所连接的 AP4 为 XXL（仪）-07C 型动力配电箱，动力配电箱在柱子上安装时一般不采用钻孔埋膨胀螺栓的方法，因为有时孔中心距柱子边角太近，会造成柱角崩裂。常采用角钢支架，先将角钢支架加工好，按配电箱安装孔尺寸钻好孔，然后用扁钢制成的抱箍将支架固定在柱子上，再将配电箱用螺栓固定在支架上。

该回路采用 3 根 BV-35 电线，穿镀锌焊接钢管 $DN32mm$，沿地从总配电柜敷设到动力配电箱 AP4。

$DN32mm$　（1.5＋0.2）↓＋6×2＋2.3＋0.2＋0.2＝16.4（m）

BV-16　［16.4＋（0.65＋0.54）］×3＝52.77（m）

4. WP3 回路配电分析（BV-3×35 SC32-FC）

WP3 回路所连接的 AP5 也是 XXL（仪）-07（型动力配电箱，配线标注也相同，只是距离增加了 2 个跨距，即 12m。

$DN32mm$　（1.5＋0.2）↓＋6×4＋2.3＋0.2＋0.2＝28.4（m）

BV-16　［28.4＋（0.65＋0.54）］×3＝95.4（m）

因为机床类设备本身自带开关、控制与保护电器，动力配电箱内的开关主要起电源隔离开关的作用，所以部分设备可以采用链式配电方式。在 WP3 的 13 号和 19 号设备，因为容量较小，为链式配电方式。

5. WP4 回路配电分析

（1）配线方式　从总配电柜 AP 沿地沿墙敷设到针式绝缘子支架。

树干式配电方式，用铁壳开关单独控制，距地 1.5m，针式绝缘子支架配线方式。

支架采用一字形角钢支架，角钢 30mm×4mm。

角钢 30mm×4mm　（33/3＋1）×（3×100＋60＋30＋180）＝6.84（m）

针式绝缘子　12×4＝48 个

$DN32mm$　3.6×2.3＋0.3＋2×0.2↓＋4.3↑＝13.28（m）

BV-35　（13.28＋33＋2.2＋1.5＋2×1.5）×3＝158.94（m）

BV-16　13.28＋33＋2.2＋1.5＋2×1.5＝52.98（m）

（2）32 号设备分支线分析 BV-3×2.5　WP4 回路到 32 号设备配线是由 SC15 沿墙配到铁壳开关，再由铁壳开关用 SC15 配到 32 号设备接线口。

$DN15mm$　（4.3－1.5）↓＋1.4×2.3＋0.2×2＋0.2＝6.62（m）

$DN15mm$　金属波纹管　0.3m

BV-2.5　（6.62＋0.3＋1.5＋0.3×2＋1）×3＝30.06（m）

其他设备可自行分析。

（3）25 号设备分支线分析　25 号设备为电焊机，电焊机为接 2 根线的负荷，其额定电压为 380V 和 220V 两种，额定电压为 380V 时，需要接 2 根相线，额定电压为 220V 时，需要接一根相线，一根零线，所以将 4 线沿墙配到铁壳开关就可以了。

6. WP5 回路配电分析

（1）滑触线　WP5 回路是给桥式起重机配电的，桥式起重机是移动式动力设备。功率较小的桥式起重机用软电缆供电，功率较大的桥式起重机用滑触线供电。滑触线多数由生产厂家制造的半成品在现场组装而成。分为多线式安全滑触线、单线式安全滑触线、导管式安全滑触线。

　　安全滑触线由滑线架与集电器两部分组成。多线式安全滑触线以塑料为骨架，以扁铜线为载流体。将多根载流体平行地分别嵌入同一根塑料架的各个槽内，槽体对应每根载流体有一个开口缝，用作集电器上的电刷滑行通道。这种滑触线结构紧凑，占用空间小，适用于中、小容量的起重机。本工程采用4线多线式安全滑触线，洛阳前卫AQHX型多线式安全滑触线。

　　(2) 滑触线安装　首先安装滑触线支架，支架要安装得横平竖直，直线段支架间距为1.5m，支架采用50mm×5mm角钢，每个支架长度为350＋270＝620mm，配2个M16×260mm的双头螺栓。因为机修车间的总长度为48m，所以支架个数48/1.5＋1＝33个。角钢总长度为33×0.72＝23.76m。安全滑触线总长度为48m。

　　(3) 钢管配线分析　由总配电柜AP配到铁壳开关，再配到滑触线。

　　SC20　　[1.2×2.7（比例）＋0.3×2.3]＋2×0.2↑＋1.5↑＋(8−1.5)↑＝12.33（m）

　　BV-6　　(12.33＋2.2＋0.3×2＋1.5)×4＝66.52（m）

三、车间照明电路配线分析

1. 照明电路配线

　　(1) 电光源　因为机修车间的每台机床设备上都带有36V的局部照明，所以只考虑一般照明。该车间采用GGY-250高压汞灯、NG-110高压钠灯各21盏，安装有屋架的下弦梁10m。

　　(2) 灯具配线　车间照明电路配线如图3-21所示。总配电柜到AL用金属线槽，从金属线槽到灯具采用电线管$DN15mm$。

2. 车间电气接地

　　(1) 跨接接地线　桥式起重机为金属导轨，需要可靠接地，导轨与导轨之间的连接称为跨接接地，导轨的跨接接地线可以用扁钢或圆钢焊接。

　　(2) 接地与接零　桥式起重机的金属导轨两端用40mm×4mm的镀锌扁钢连接成闭合回路，作接零干线，并与主动力箱的中性线相连接，同时在Ⓐ轴两端的金属导轨分别作接地引下线，埋地接地线也用40mm×4mm的镀锌扁钢，接地体采用长2.5m的50mm×5mm镀锌角钢垂直配置。其接地电阻$R≤10Ω$，若实测电阻大于$10Ω$，则需增加接地体。

　　主动力箱电源的中性线在进线处也需要重复接地，所有电气设备在正常情况下，不带电的金属外壳、构架以及保护导线的钢管均需接零，所有的电气连接均采用焊接。

项目四 变配电工程

变配电工程是供配电系统的中间枢纽，变配电所为建筑内用电设备提供和分配电能，是建筑供配电系统的重要组成部分。变配电所的安装工程亦是建筑电气安装工程的重要组成部分，变电所担负着从电力系统受电、变电、配电的任务。配电所担负着从电力系统受电、配电的任务。

任务一 供配电系统

电能由发电厂产生，经过长距离的输送，到达电力用户，为减少输送过程的电能损失，一般把发电机发出的电压用变压器升压送至用户，用户使用的电压相对很低，多为 380/220V，所以需要降压后才能送达用户。这种由发电、变电、送配电和用电构成的一个整体，即电力系统。从发电厂到电力用户的送电过程如图 4-1 所示。

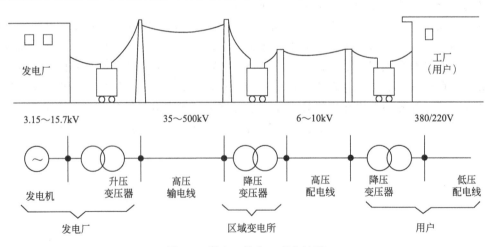

图 4-1 发电、输电、变电过程

1. 发电厂

发电厂是将其他形式的能量转换成电能的工厂，可分为火力发电厂、水力发电厂、风力发电厂及核能发电厂等。

2. 变、配电所

变电所是接受电能和变换电压的场所，有升压变电和降压变电所，主要由电力变压器的控制设备构成，是电力系统的重要组成部分。只接受电能并进行电能分配，而不改变电压的变电所称为配电所。

3. 电力线路

电力线路用于输送电能，将发电厂、变电所和电力用户联系起来。建筑供配电线路多为380/220V 低压线路，分为架空线路和埋地电缆线路。

4. 低压配电系统

低压配电系统由配电装置和配电线路组成。配电方式分为放射式、树干式及混合式等。

（1）放射式 各个负荷独立受电，供电可靠，但设备和材料的用量大，一般用于供电安全性要求高的设备。

（2）树干式 由变压器或低压配电箱低压母线上仅引出一条干线，沿干线走向再引出若干条支线，然后再引至各个用电设备。

（3）混合式 放射式与树干式相结合的接线方式，在优缺点方面介于放射式与树干式之间。这种方式目前在建筑中应用广泛。

5. 供电电压等级和电力负荷

在电力系统中，一般将 1kV 及以上的电压称为高压，1kV 以下的电压称为低压。6～10kV 的电压用于送电距离 10km 左右的工业与民用建筑供电，380V 电压用于民用建筑内部动力设备供电或向工业生产设备供电，220V 电压多用于向生活设备、小型生产设备及照明设备供电。采用三相四线制供电方式可得到 380/220V 两种高压。

负荷指用电设备，负荷的大小指用电设备功率的大小。不同的负荷，重要程度是不同的。重要的负荷对供电可靠性的要求高，反之则低。因此，通常根据对供电可靠性的要求及中断供电对政治、经济等造成的损失或影响程度进行分级，并针对不同的负荷等级确定其对供电电源的要求，分为一级负荷、二级负荷、三级负荷。

任务二 变配电系统的主接线

变配电所主接线是指由各种开关电器、电力变压器、母线、电力电缆和移动电容器等电气设备按一定次序相连接的接受电能并分配电能的电路。主接线只表达上述电气设备之间的连接关系，与其具体安装地点无关，实施场所是变电站或配电所。

主接线图是一种概略图，以单线表示法绘图，用单线表示三相，其中各电气元件用国家标准制定的图形符号和文字符号表示，被称为一次设备，而进行继电保护与指示的电器及仪表被称为二次设备。

主接线可分为有母线接线和无母线接线两大类。有母线接线又可分为单母线接线和双母线接线；无母线接线可分为单元式接线、桥式接线和三角形接线。

1. 只有一台变压器的变电所主接线

只有一台变压器的变电所一般容量较小、投资少、运行操作方便，但供电可靠性差，当高压侧和低压侧引线上的某一元件发生故障或电源进线停电时，整个变电所都要停电，这种方式只能适用于 3 类负荷的用户，其主接线如图 4-2 所示。

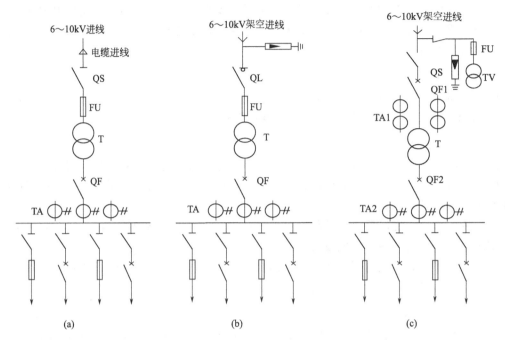

图 4-2　一台变压器的 6～10kV 变配电所主接线

2. 有两台变压器的变电所主接线

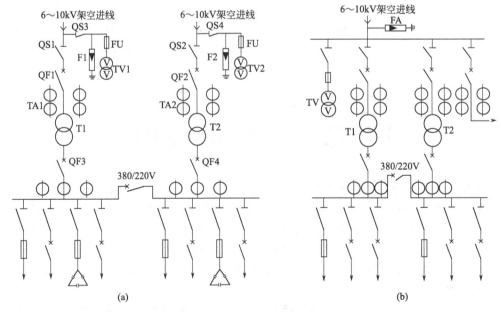

图 4-3　两台变压器的 6～10kV 变配电所主接线

在变配电所高压侧主接线中，可采用油断路器、负荷开关和隔离开关作为切断电源的高压开关，如图 4-3 所示。如图 4-3（a）所示的高压侧无母线，当任一变压器检修或出现故障，变电所可通过闭合低压母线联络开关来恢复整个变电所供电；如图 4-3（b）所示的高压侧设置了母线，当任一变压器检修或出现故障时，通过切换可以很快恢复供电。

任务三　室内变电所的布置

变配电所是变换电压和分配电能的场所，是供配电系统的中枢。

1. 变配电所的类型

（1）按作用性质分　升压变配电所、降压变配电所、开闭所（也称开关站，用于保证系统的稳定性）。

（2）按所处地位分　枢纽变配电所、地区变配电所、企业用户变配电所、终端变配电所。

（3）按控制方式分　有人值班变配电所、无人值班变配电所（也称三遥变配电所，即遥控、遥信、遥测）、在家值班变配电所（在所内或在临近福利区住有少量的值班人员，平时可从事其他工作）。

（4）按布置形式分　屋外变配电所、屋内变配电所、地下（洞内）变配电所。

（5）按结构形式分

① 车间内附变配电所，附于车间内和车间公用外墙。

② 车间外附变配电所，附于车间外和车间公用内墙。

③ 车间外附露天变配电所，附于车间内和车间公用外墙，但变压器安装在室外。

④ 独立变配电所，有独立的建筑物和一套完善的变配电设施。

⑤ 杆上变配电所，其变压器、高低压配电装置、保护设备装设在电杆的台架上。

⑥ 民用建筑变配电所。

⑦ 箱式变配电站，又称预装式变电所，其变压器、高低压配电装置、保护设备等均装设在金属制作的箱体内。

⑧ 集装箱式低压配电室。

2. 变配电所的组成

变配电所主要由变压器室、高压配电室、低压配电室、电容器室、值班室等组成。

（1）变压器室　变压器室是变配电所的主要场所，在内部安装有变压器（油浸式或干式）。变压器室的面积应保证变压器四周有足够的安全距离和散热条件。变压器室的高度与变压器高度、进线方式和通风条件有关。根据通风要求，变压器室有抬高和不抬高两种。

（2）低压配电室　低压配电室是低压供配电系统的中枢，在低压配电室内，安装有各种规格、型号的低压配电装置，低压配电柜在室内的安装距离尺寸应符合以下要求。

① 单列式。柜前距离为：1200mm；柜后距离为：800mm。

② 双列式。柜前距离为：2500mm；柜后距离为：800mm。

（3）高压配电室（一般在变压器容量较大时设置）　高压配电室是高压供配电系统的中枢，在高压配电室内，安装有各种规格、型号的高压配电装置，高压配电柜在室内的安装距离尺寸应符合以下要求。

① 单列式。柜前距离为：2550mm；柜后距离为：800mm。

② 双列式。柜前距离为：2650mm（小车式的柜前距离）；柜后距离为：800mm。

（4）电容器室　当有高压配电室时才设置。

（5）值班室　一般有高压配电室时才设置值班室。

变配电所的门，其宽度为：1m，高度为：2.5～2.8m，当变配电所较长时（高压室为：7m；低压室为：8m）应设置为双门，一般布置在配电室的两端。

任务四　变压器

变压器是变电所内的主要设备，它的主要作用是变换电压和传递电能。

一、变压器的类型

1. 按变压器的用途分

（1）电力变压器　主要用于变配电系统，进行升压、降压等。

（2）调压变压器　主要用于调节电网电压，小容量可用于实验室（调压器）。

（3）仪用变压器　仪用变压器俗称电压互感器和电流互感器，主要用于检测高电压和大电流回路（例如测量、保护、信号、自动装置等二次电路取用信号源的互感器）。

2. 按变压器的绕组数量分

（1）单绕组变压器　这种变压器一、二次共用一个绕组（例如自耦调压器等）。

（2）双绕组变压器　这种变压器每相有高低压两个绕组（例如普通电力变压器等）。

（3）三绕组变压器　这种变压器每相有高、中、低压三个绕组（例如三绕组电力变压器等）。

（4）多绕组变压器　这种变压器每相有多个绕组（例如小型电源变压器、控制变压器等）。

3. 按变压器的相数分

（1）单相变压器　这种变压器用于单相交流系统（例如干式照明变压器等）。

（2）三相变压器　这种变压器用于三相交流系统（例如三相电力变压器等）。

（3）多相变压器　这种变压器用于多相交流系统（例如六相整流变压器等）。

4. 按变压器的冷却方式分

（1）油浸式变压器　这种变压器的绕组和铁芯全部浸入变压器油中，又可分为以下几种。

① 油浸式自冷变压器：靠自然风冷却循环的变压器。

② 油浸式风冷变压器：在变压器的散热器上装设风扇，以增强风速加速冷却。

③ 油浸式强迫油循环变压器：靠风扇增强风的风速，靠油泵增强油的流速，以强迫油加速循环进行冷却。在我国的供电系统中应用最多的是三相油浸式电力变压器，它具有以下优点：散热性能好；同样规格的绕组，载流量较大。

（2）环氧树脂浇注型干式变压器　这种变压器的绕组和铁芯全部敞露在空气中，用自然流通的空气或风扇对绕组和铁芯进行冷却。干式变压器具有以下优点：①体积小，重量轻，电损小；②噪声低，防尘；③耐高温和难燃，在宾馆、办公大楼等高层建筑中获得广泛的应用。

（3）充气变压器　这种变压器的绕组和铁芯全部密闭在专用的铁箱内，内充特种气体替代变压器油进行冷却。

5.变压器的型号表示及含义

变压器的型号表示及含义如下：

相数　　　变压器特征　　设计序号　　　　额定容量（kV·A）/高压绕组电压等级 kV

例如 S7-560/10 表示油浸自冷式三相铜绕组变压器，额定容量 560kV·A，高压侧额定电压 10kV。变压器型号标准代号参见表 4-1。

表 4-1　变压器型号标准代号

名　称	相数及代号	特　征	特征代号
单相变压器	单相 D	油浸自冷	—
		油浸风冷	F
		油浸风冷、三线圈	FS
		风冷、强迫油循环	FP
三相变压器	三相 S	油浸自冷铜绕组	—
		有载调压	Z
		铝绕组	L
		油浸风冷	F
		树脂浇注干式	C
		油浸风冷、有载调压	FZ
		油浸风冷、三绕组	FS
		油浸风冷、三绕组、有载调压	FSZ
		油浸风冷、强迫油循环	FP
		油浸风冷、三绕组、强迫油循环	FPS
三相电力变压器	三相 S	水冷、强迫油循环	SP
		油浸风冷、铝绕组	FL

二、变压器的基本构造

变压器主要是由铁芯和绕组两部分构成。

（1）铁芯是变压器的基本部分，变压器的一次、二次绕组都绕在铁芯上。它的作用是在交变的电磁转换中，提供闭合的磁路，让磁通绝大部分通过铁芯构成闭合回路，所以变压器的铁芯多采用硅钢片叠压而成。

（2）绕组就是绕在铁芯上的线圈与电源相连接，从电源吸取能量的绕组称为原绕组，与负载相连接，对负载供电的绕组称为副绕组。绕组一般都是由绝缘的圆导线或扁导线绕成的（铜线或铝线）。按照绕组与铁芯的相对位置不同，变压器又可以分为芯式和壳式两种。

（3）三相变压器的铁芯有三个芯柱，每个芯柱上都套装原、副绕组并浸在变压器油中，其端头经过装在变压器铁盖上绝缘套管引到外边，如图 4-4 所示。

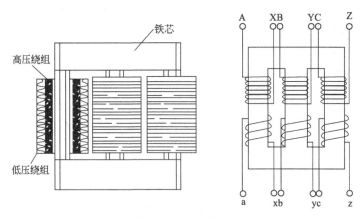

图 4-4 三相变压器

三、变压器的安装方式

1. 变压器的安装形式

（1）杆上安装 杆上安装是将变压器固定在电杆上，用电杆作为支架，离开地面架设。

（2）户外露天安装 户外露天安装是将变压器安装在户外露天，固定在钢筋混凝土基础上。

（3）室内安装 室内变压器安装是将变压器安装在室内。

2. 变压器的安装程序

变压器安装应在建筑结构基本完工的情况下进行。安装程序包括基础施工、变压器吊装、变压器的高低压母线接线、接地线的连接等。变压器安装工艺流程如下：

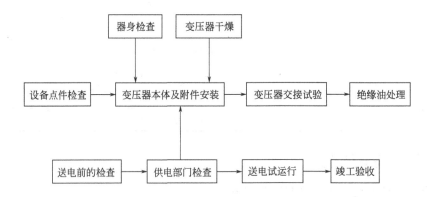

3. 变压器的试验及试运行

（1）变压器试验 新装变压器试验的目的是验证变压器的性能是否符合要求。变压器试验包括以下内容：

① 测量绕组连同套管的直流电阻。

② 检查变压器的三相接线组别和单相变压器引出线的极性。

③ 测量绕组连同套管的绝缘电阻、吸收比或极化指数。

④ 绕组连同套管的交流耐压实验。

⑤ 测量与铁芯绝缘的各紧固件及铁芯接地线引出套管对外壳的绝缘电阻。

⑥ 非纯瓷套管的试验。

⑦ 绝缘油试验。

⑧ 有载调压切换装置的检查和试验。

⑨ 稳定电压下的冲击合闸试验。

⑩ 检测相位。

(2) 变压器的试运行

① 变压器试运行前应作全面检查，确认符合条件时方可投入运行。变压器试运行前，必须由质量监督部门检查合格。

② 变压器送电试运行。变压器第一次受电后，持续时间不少于10min，且无异常情况；进行3～5次全压冲击合闸后，无异常情况；变压器带电后无渗油现象；变压器空载运行24h无异常现象，满足以上条件方可投入负荷试运行。

③ 变压器带电后24h无异常情况，应办理验收手续。验收时，应提交变更设计资料、产品说明书、试验报告单、合格证、安装图纸及安装调整记录等技术资料。

任务五 高压配电装置

高压配电装置由五个部分组成。

① 开关设备。包括：高压隔离开关、高压负荷开关、高压断路器等。

② 测量设备。包括：电压互感器和电流互感器。

③ 连接母线。

④ 保护设备。包括：高压熔断器和电压、电流继电器等。

⑤ 控制设备、端子箱。

1. 高压隔离开关安装

高压隔离开关用符号QS表示。高压隔离开关的主要功能是隔离高压电源，以保证其他电气设备及线路的检修。结构特点是断开后有明显的断开间隙，但由于隔离开关没有灭弧装置，所以不允许带负荷操作，否则可能发生严重的事故。

安装方式有两种，一种是开关直接安装于墙上，即在墙上开关安装位置事先埋设4个燕尾螺栓或膨胀螺栓，用来固定本体；另一种是先在墙上埋设角钢支架，按开关安装孔的尺寸在角钢支架上钻孔，再用螺栓将开关固定在支架上，如图4-5所示。

户内三级隔离开关由开关本体和操作结构组成，常用的有GN型等。

2. 高压负荷开关安装

高压负荷开关用符号QL表示。高压负荷开关有简单的灭弧装置，但其灭弧装置灭弧能力不高，只能用于切断正常负荷电流，不能切断短路电流，因此一般需和高压熔断器串联使用。

高压隔离开关和高压负荷开关工作程序如下：

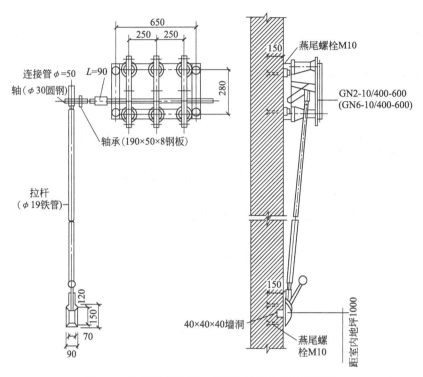

图 4-5　高压隔离开关及其操作机构在墙上安装图

3. 高压断路器安装

高压断路器用符号 QF 表示。高压断路器不仅能通断正常的负荷电流，而且能接通和承受一定时间的短路电流，并能在保护装置作用下自动跳闸，切除短路故障。高压断路器的类型如下。

（1）按灭弧介质分类　油断路器（少油，多油）、空气断路器、真空断路器、电磁式空气断路器、六氟化硫断路器、磁吹断路器等。

（2）按装置地点分类　户内式、户外式。

（3）按电压等级分类　高压断路器（1000V 及以上电压等级）、低压断路器（多为空气断路器）。

（4）按操作机构能量所提供的方式分类

① 手动操作机构（CS 型）：用人力进行操作，其特点是结构简单，价格便宜，无需附加动力设备等，但其功率小，安全性差，不能远距离操作等。

② 电磁操作机构（CD 型）：利用直流电磁铁作为驱动力矩进行分合闸，其特点是结构简单，价格适宜，可遥控合闸等，但需配置大容量的直流电源，当断路器的功率大时，其动作较慢。

③ 弹簧操作机构（CT 型）：利用弹簧储存的能量，使开关设备分合闸，其特点是动作速度快，运行可靠，对电源的质量要求不高，灵活性大，但其结构复杂。当断路器的功率大时，操作较麻烦，冲击力大，对构件的机械强度要求较高。其中使用较广泛的是油断路器，在高层建筑内多采用真空断路器。

4. 高压熔断器安装

高压熔断器用符号 FU 表示，按照其使用场合不同可分为户内型管式熔断器，户外型跌落式熔断器，如图 4-6 所示。

高压熔断器是一种保护装置。当电路中电流值超过规定值一定时间后，熔断器熔体熔化而分断电流、断开电路。对电路及电路中设备进行短路保护，有的也具有过载保护功能。

（1）户内管式熔断器　管式高压熔断器安装时，用螺栓牢固地装在已固定好的支架上，再把高压进线和出线与接线端子可靠地连接。

（2）户外跌落式熔断器　跌落式高压熔断器的安装高度和尺寸按图纸确定，其转动部分应灵活，熔管跌落时不能因碰撞而损坏。

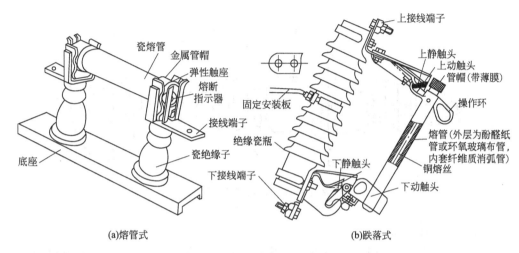

图 4-6　高压熔断器

5. 互感器的安装

互感器是一种"特殊的变压器"，是供配电系统二次回路变换电压和电流的电气设备。按照作用不同，有电压互感器和电流互感器。使用互感器可以扩大仪表和继电器等二次设备的使用范围，并能使仪表和继电器与主电路绝缘，即可避免主电路的高电压直接引入仪表、继电器，又可防止仪表、继电器的故障影响主电路。

（1）电流互感器　电流互感器用于提供测量仪表和断电保护装置用的电源，如图 4-7 所示。

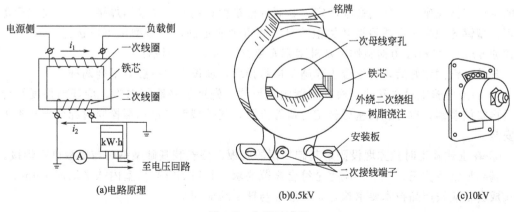

图 4-7　电流互感器

（2）电压互感器　电压互感器相当于一个降压变压器，当工作时，一次绕组并联在供电系统的一次电路中，二次绕组与仪表、继电器的电压线圈并联。

6. 穿墙套管

高压套管和穿墙板是高低压引入（出）室内和导电部分穿越建筑物的连接件，由瓷套、安装法兰及导电部分组成，按额定电流、电压和机械强度分为多种规格。高压穿墙套管，一般装设在土建预留的孔洞中的金属隔板（板上钻孔）上，而金属隔板则固定在角钢框上，也可直接安装在土建施工时预埋的固定穿墙套管的螺栓上。图4-8为CL系列穿墙套管。

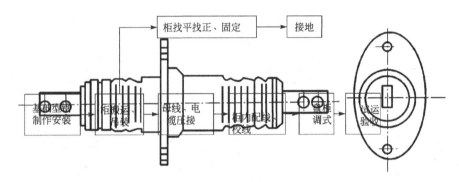

图4-8　CL系列穿墙套管

7. 高压开关柜的安装

（1）高压开关柜　高压开关柜是生产厂家按一定的线路方案将一、二次设备组装在一个柜体内而成的一种高压成套配电装置，在变配电系统中用于保护和控制变压器及高压馈电线路。柜内装有高压开关设备、保护电器、监测仪表和母线、绝缘子等。

常用的高压开关柜按元件的固定特点有固定式和手车式两大类。固定式高压开关柜的电气设备全部固定在柜体内，手车式高压开关柜的断路器及操作机构装在可以从柜体拉出的小车上，便于检修和更换。固定式因其更新换代快而使用较广泛。按照结构特点高压开关柜分为开启式和封闭式。开启式高压开关柜的高压母线外露，柜内各元件间也不隔开，结构简单、造价低。封闭式高压开关柜母线、电缆头、断路器和计量仪表等均被相互隔开，运行较安全。按照柜内装设的电器不同，分为断路器柜、互感器柜、计量柜、电容器柜等。

（2）高压开关柜的安装　高压开关柜安装程序：高压开关柜一般都安装在槽钢或角钢制成的基础型钢底座上，采用螺栓固定，紧固件应是镀锌制品，如采用焊接，焊点要进行防锈处理。型钢的规格大小是根据开关柜的尺寸和重量而定的，一般型钢可以选择8号～10号槽钢或50mm×5mm角钢制作。基础型钢安装方式如图4-9所示。

基础型钢制作好后，再配合土建施工进行预埋，埋设方法一般有下列两种。

① 随土建施工时在基础上根据型钢固定尺寸，先预埋好地脚螺栓，待基础强度符合要求后再安放型钢。也可以在基础施工时留置方洞，基础型钢与地脚螺栓同时配合土建施工进行安装。

② 在土建施工时预先埋设固定基础型钢的底板，待安装基础型钢时与底板进行焊接。

基础型钢要找正、找平，应完全符合规范要求。其顶部宜高出室内抹平地面10mm，手车式成套柜应按产品技术要求执行，一般应与抹平地面相平。

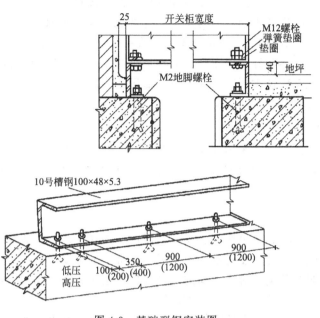

图 4-9　基础型钢安装图

任务六　低压配电装置

低压配电装置由五个部分组成。

① 线路控制设备。包括：手动控制设备，有胶盖瓷底闸刀开关、铁壳开关、组合开关、控制按钮等；自动控制设备，有自动空气开关、交流接触器、磁力启动器等。

② 测量仪器仪表。包括：指示仪表，有电流表、电压表、功率表、功率因数表等；计量仪表，有有功电度表、无功电度表及仪表相配套的电压互感器、电流互感器等。

③ 母线及二次线。二次线包括：测量、信号、保护、控制回路的连接线。

④ 保护设备。包括：熔断器、继电器、漏电保护器等。

⑤ 配电箱（盘）。包括配电箱、柜、盘。

1. 低压刀开关

低压刀开关按照操作方式不同可分为单投和双投；按极数不同可分为单极、双极和三极；按灭弧结构不同有带灭弧罩和不带灭弧罩之分，不带灭弧罩的刀开关一般只能在无负荷的状态下操作，起隔离开关的作用，带灭弧罩的开关可以通断一定强度的负荷电流，其钢栅片灭弧罩能使负荷电流产生的电弧有效地熄灭。

2. 低压负荷开关

低压负荷开关是由带灭弧罩的刀开关和熔断器串联组合而成的，外装封闭式铁壳或开启式胶盖的开关电器。这类开关具有带灭弧罩刀开关和熔断器的双重功能，既可带负荷操作，又可进行短路保护，具有操作方便、安全经济的优点，可用作设备及线路的电源开关。常用的负荷开关有 HK 型和 HH 型。

3. 低压断路器

低压断路器又称自动空气开关，它具有良好的灭弧性能。其功能与高压断路器类似，既可带负荷通断电路，又能在短路、过负荷和失压时自动跳闸。

低压断路器按结构形式不同可分为塑料外壳式和框架式两种。塑料外壳式又称装置式，型号代号为 DZ，其全部结构和导电部分都装设在一个外壳内，仅在壳盖中央露出操作手柄，供操作用。框架式断路器敞开装设于塑料或金属框架上，由于其保护方式和操作方式很多，安装地点灵活，因此又称这类断路器为万能式低压断路器，其型号代号为 DW。目前常用的新型断路器还有 C 系列、S 系列、K 系列等。

4. 低压熔断器

低压熔断器是低压配电系统中的保护设备，保护线路及低压设备免受短路电流或过载电流的损害。其工作过程与高压熔断器一样，都是通过熔体自身的熔化将电路断开，从而起到保护作用的。

5. 接触器

接触器是电磁式电器，其由线圈、铁芯、衔铁、主触头、灭弧装置等组成。工作原理是线圈通电源时，产生电磁力，使可动的衔铁吸合，带动触头动作（相当于开关合闸）而接通被控制电源；当线圈断开电源时，可动的衔铁释放，主触头断开而切断被控制的电路。接触器常见的型号有 CJI2B、CJ20、3TF、LCI 等。

接触器可以通过线圈的小电流去控制主触头的大电流，并可以通过按钮远距离控制，广泛应用于需要实现自动控制的电气设备电路，与热继电器、熔断电器等配合可以实现过负荷、短路等保护。例如，电动机的启动、停止、正转、反转等控制。在电容器柜中应用它，是为了自动控制电容器组的投入数量，自动调节供电系统的功率因数。

6. 热继电器

热继电器是一种与接触器配合用于过负荷保护的保护电器，它是利用热效应原理制成的，其结构由热元件、双金属片、传动装置、触头等组成。热元件串接在被保护的电路中，当主电路的电流过大时，热元件发热使双金属片弯曲，通过传动装置使触头动作，切断接触器的线圈电流，接触器释放而断开被保护的主电路。热继电器常见的型号有 JR16、JR20、3UA、LR2、3RB 等。

7. 低压配电屏

低压配电屏适用于三相交流系统额定电压 500V、额定电流 1500A 及以下的电力及照明配电。

低压配电屏按其结构形式不同可分为两大类，即固定式和抽屉式。抽屉式配电屏是将不同回路的电气元件放在不同抽屉内，当线路出现故障时，将该回路抽屉抽出，再将备用抽屉换入。

低压配电屏安装可参照高压开关柜安装进行。一般配电屏安装于基础槽钢之上，下屏安装于基础槽钢之上。

任务七 母 线

母线也叫干线或汇流排。它是电路的主干线，在供电工程中，一般把电源送来的电流汇集在母线上，然后按需要从母线送到各分支的电路上分配出去，因此母线就是一段汇总和分配电流的导体。

母线按其质量可分为：轻型母线和重型母线；按其材质可分为：铜母线和铝母线；按其

形状可分为：带型母线和槽型母线；按其结构层可分为：单母线和双母线；按其性质可分为：软母线和硬母线。

一、单母线和双母线

1. 单母线不分段接线方式

单回电源只能采用单母线不分段接线方式，在每条引入、引出线路中都装设有断路器和隔离开关。

单母线不分段接线方式电路简单，使用电气设备少，变配电装置造价低，但其可靠性与灵活性较差。当母线、母线隔离开关发生故障或检修时，必须停止整个系统的供电，因此单母线不分段接线方式只适用与对供电连续性要求不高的用电单位。

2. 单母线分段接线方式

（1）两回进线单母线分段接线　在两回进线条件下，可采用单母线分段主接线，以克服单母线不分段主接线存在的问题。根据电源数目和功率、电网的接线情况来确定单母线的分段数。通常每段母线要接 1 或 2 回电源，引出线再分别从各段上引出。应使各母线段引出线的电能分配尽量与电源功率平衡，以减少各段间的功率交换。单母线的分段可采用隔离开关或断路器来实现，选用分段开关不同，其作用也不完全一样。

（2）三回进线单母线分段接线　二回进线单母线分段接线存在主受电回路在检修时，备用受电回路投入运行后又发生故障，而导致用户停电的可能性，因此，对用电负荷要求高的用户，采用此种供电方式还不能满足某些高级负荷的用电要求。《民用建筑电气设计规范》（JGJ 16—2008）中规定：对于特等建筑应考虑一些电源系统检修或发生故障时，另一电源系统又发生故障的严重情况，此时应从电力系统取得第三电源或自备电源，以保证特等建筑所要求的供电可靠性，避免产生重大损失和有害影响。

3. 双母线接线方式

当用电负荷大、重要负荷多、对供电可靠性要求高或馈电回路多而采用单母线分段存在困难时，应采用双母线接线方式。双母线接线方式多应用于大型工业企业总降压变电所的 35～110kV 母线系统和重要高压负荷的 6～10kV 母线系统中。双母线接线方式中任一供电回路或引出线都经过一台断路器和两台母线隔离开关接于双母线上，其中一组母线为工作母线，其他母线为备用母线，其工作方式有两种。

（1）两组母线分别为运行与备用状态　其中一组母线运行，一组母线备用，及两组母线互为运行与备用状态。与工作母线连接的母线隔离开关闭合，与备用母线连接的母线隔离开关断开，两组母线间装设的母线联络断路器在正常运行时处于断开状态，其两侧与之串接的隔离开关为闭合状态。当某组母线故障或检修时，经倒闸操作即可由备用母线继续供电。

（2）两组母线并列运行　两组母线同时并列运行，但互为备用。按可靠性和电力平衡的原则要求，将电源进线与引出线路同两组母线连接，将所有母线隔离开关闭合，母线联络断路器在正常运行时也闭合。当某母线故障或检修时，仍可经倒闸操作，将全部电源和引出线路均接于另一组母线上，继续为用户供电。

二、软母线和硬母线

软母线就是内芯为软型的母线，可移动可弯曲，也称之为软导线，如橡皮绝缘电缆。软母线主要用于 35kW 及以上的高压配电装置中，或用作大型电气设备的绕组线及连接线。软母线用于室外，因空间大，导线有所摆动也不至于造成线间距离不够。软母线施工简便，造价低廉。

硬母线就是内芯比软型母线硬的母线，安装好后不宜弯曲拖动，也称之为母排，如屏柜的电源母排等。硬母线又分为矩形母线和管形母线。矩形母线一般适用于主变压器至配电室内，其优点是施工安装方便，运行中变化小，载流量大，但造价较高。

1. 橡皮绝缘电线

本系列电线适用于交流 500V 或直流 1000V 及以下的电气设备及照明装置配线。线芯长期允许工作温度不应超过 65℃。分为棉纱编织橡皮绝缘导线、玻璃丝编织橡皮绝缘导线、氯丁编织橡皮绝缘导线三种。

2. 塑料绝缘电线

塑料绝缘电线详见项目二的相关介绍。

3. 插接母线

插接母线槽的种类很多，其中 MC-1 插接母线槽用于工厂、企业、车间，在电压 500V 以下、额定电流 1000A 以下用电设备较密集的场所作配电用。CM-2A 型、BM1 型还可用于高层建筑配电。

插接母线槽是由金属板（钢板或铝板）保护外壳、导电排、绝缘材料及有关附件组成的母线系统。

导电排：有铜排、铝排、铜铝合金排。

母线槽按绝缘方式可分为空气式插接母线槽、密集绝缘插接母线槽和高强度插接母线槽三种。

封闭式母线槽用 WB 表示，常用的有三相四线制、三相五线制，规格型号有 250A/400A/630～4000A。

4. 硬母线

（1）硬母线　按材质分有铜、铝、钢 3 种。铜的电阻小，导电性能好，有较好的抵抗大气影响及化学腐蚀的性能，但因价格较贵，且有其他重要用途，故一般除特殊要求外较少使用。

（2）母线伸缩接头　母线伸缩接头是用于连接母线之用，可以进行调节，以避免母线由于热胀冷缩而拉断。铜过渡板即用铜材质制作而成的过渡板，用于母线过渡之用。

任务八　某实训楼变配电工程图识读

这里，我们用某实训楼的变配电工程作为实例来了解现代建筑的变配电工程概况。该套图纸包括设计总说明及变配电所平面图、高低压配电系统，如图 4-10～图 4-15 所示。

1. 变配电所设备布置概况

此变电所为校区中心变配电所，从平面图及高压供电、低压配电系统图中可以了解到，共安装有 2 台干式变压器，型号为 SCB10-1250kV·A/10/0.4/0.23kV，带温控、强迫风冷、带外壳，防护等级为 IP4X。

一、设计依据和范围

1. 设计依据

上级主管部门批准的文件及甲方设计任务书、国家现行有关规范及标准、内部各工种提供的资料。

2. 设计范围

高低压供配电系统。

二、供电电源

(1) 本工程为多层建筑，室外消防用水量大于25L/s，其应急照明、消防控制室等电源属于二级负荷，其余为三级负荷。

(2) 由城市电网引来一路10kV电源送至本大楼内设置的变配电所，此变配电所为校区中心变配电所，高压为单母线运行方式，高压真空断路器采用弹簧操作机构，操作电源采用220V免维护铅酸电池柜作为直流操作、继电保护及信号电源。

本工程备用电源由教学区设置的室外柴油发电机房引来。

(3) 低压侧为单母线分段运行，低压主进线开关与联络开关设电气联锁，保证任何情况下只有两个开关合闸。

(4) 负荷计算：总设备容量，6050kW；总计算容量，1751kW。

(5) 变配电所：变配电所设在主楼地下二层，设有两台干式变压器。

变压器选用：2台1250kV·A，平均负荷率78%。

(6) 功率因数补偿：采用低压集中自动无功补偿方式，补偿后功率因数大于0.9。

(7) 计量：本工程采用高低压双计量，动力、照明分开计量。其中照明部分又分为住宅用电、商业用电、办公用电计量，表计按供电部门要求处理。

三、配电系统

(1) 低压配电系统采用交流220/380V放射式与树干式相结合的方式。

(2) 消防动力设备采用双回路阻燃电缆供电，在最末一级配电箱处设自动切换，对于单台容量较大或重要负荷采用放射式供电，对于照明及一般负荷采用放射式与树干式相结合的供电方式。

四、设备选型与安装

(1) 高压开关柜采用GZS1-12中置式真空开关柜；低压开关柜采用GCK型抽屉式开关柜；变压器采用SCB10型干式变压器，防护等级不低于IP2X；低压补偿静电电容器柜选用干式电容器，带自动补偿器。

开关柜、电缆沟露部分用花纹钢盖板满铺，柜前柜后均用1200mm×10mm。

(2) 高低压开关柜均落地安装，柜下设有电缆沟，详见变电所图纸。高低压开关柜电缆沟明露部分用花纹钢板满铺，柜前后均用1200mm×10mm（宽×厚）绝缘胶满铺。

五、导线及敷设

(1) 由变电所引出的低压电缆在电缆沟及电气竖井内敷设，一般回路采用YJV-0.6/1kV型电力电缆，消防设备及事故照明用电回路的低压电缆采用ZR-YJV-0.6/1kV耐火型电力电缆。

变电所低压柜下面设有电缆沟，所有引出电缆均敷设在电缆沟内，由变电所引至电气竖井的电缆均沿电缆桥架敷设。

(2) 大楼内照明及动力干线在电气井内沿电缆桥架敷设。

六、接地及安全

(1) 本大楼室内低压配电系统采用TN-S系统设置专用保护线（PE），凡正常不带电而绝缘损坏时可能带电的电气设备的金属外壳穿线金属管电缆外皮，支架等均应与保护线可靠连接，从变配电所起把中性线与保护线（PE）严格分开。

由本大楼引至其他建筑物的线路低压配电系统采用TN-C-S系统，至其他建筑物进线处电缆重复接地。

(2) 为减少人体接触电压，在变配电所内设置总等电位联结箱，对特殊场所如卫生间、淋浴室等处还应设辅助等电位联结，插座回路均采用漏电断路器或漏电保护器。

图4-10 设计总说明

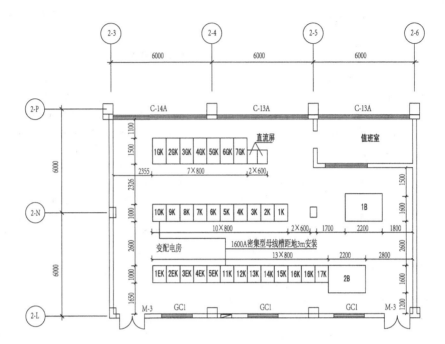

变配电所电缆沟平面 1:100

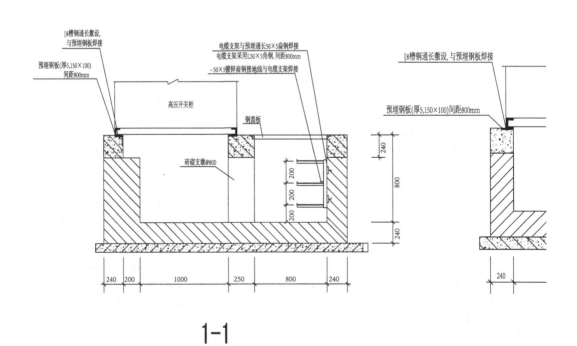

1-1

图 4-11　变配电

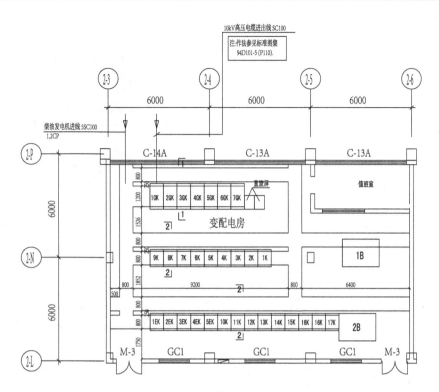

变配电所平面 1:100

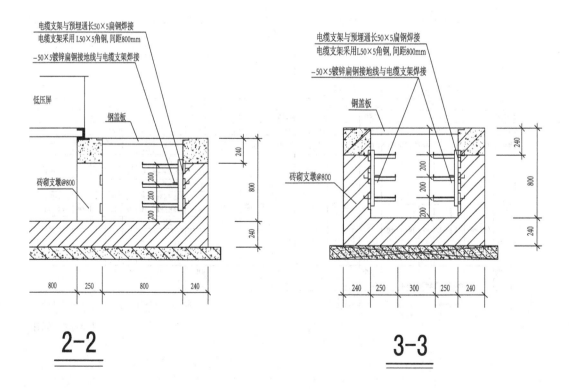

2-2

3-3

所平面图

说

1. 低压配电系统选用GCS型抽屉式配电柜,其中短时耐受电流大于50kA(有效值1s),配电柜整体须符合国家制造标准。
2. 配电柜内水平及垂直母线均为五线制;柜内主要元器件及要求:
   a.空气断路器选用CW1系列智能型断路器及TIM1系列塑壳断路器,其中主进线断路器具长延时、短延时、瞬时 动作三段保护过流脱扣器,短路开断能力大于50kA,整定值见图。
   b.总计量电度表按供电局要求设置,其他电度表采用FA及F3A系列电力参数测量仪 。

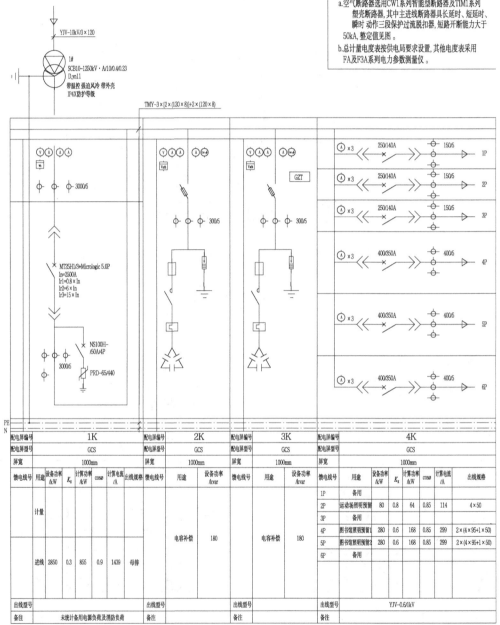

配电屏编号	1K				配电屏编号	2K	配电屏编号	3K	配电屏编号	4K					
配电屏型号	GCS				配电屏型号	GCS	配电屏型号	GCS	配电屏型号	GCS					
屏宽	1000mm				屏宽	1000mm	屏宽	1000mm	屏宽	1000mm					
馈电线号	用途	设备功率/kW	K_x	计算功率/kW	cosφ	计算电流/A	出线规格	馈电线号	用途	设备功率/kvar	馈电线号	用途	设备功率/kvar	馈电线号	用途	设备功率/kW	K_x	计算功率/kW	cosφ	计算电流/A	出线规格
	计量								电容补偿	180		电容补偿	180	1P	备用						
														2P	运动场照明预留	80	0.8	64	0.85	114	4×50
														3P	备用						
	进线	2850	0.3	855	0.9	1439	母排							4P	图书馆照明预留1	280	0.6	168	0.85	299	2×(4×95+1×50)
														5P	图书馆照明预留2	280	0.6	168	0.85	299	2×(4×95+1×50)
														6P	备用						
出线型号								出线型号			出线型号			出线型号	YJV-0.6/1kV						
备注	未统计备用电源负荷及消防负荷							备注			备注			备注							

图 4-12 低压

明

三相对称负荷采用单相电度表计量，其读数×3再考虑互感器变比即得用电总度数。
c. 电流互感器采用LMZ1-0.5型,总计量电流互感器要求须用0.2级。
3. 无功补偿采用干式静电电容器,循环分步自动投切并延时可调。
4.1K、10K、17K柜中主断路器采用两两电气联锁,即保证两进进线开关及母联开关不可能三个同时合闸。
5. 变压器低压出线侧至配电柜封闭母线由厂家协作制造。
6. 变压器高温信号动作作报警,超高温信号动作作10kV侧跳闸。

注:本图内所有断路器除特别注明外均采用TIM1N系列三极断路器,所有低压出线柜中塑壳断路器均采用复式脱扣(3300),所有电流互感器除特别注明外均采用LMZ1-0.5型。

母线接8K柜

配电屏编号	5K						
配电屏型号	GCS						
屏宽	1000mm						
馈电线号	用途	设备功率/kW	K_x	计算功率/kW	cosφ	计算电流/A	出线规格
8P	体育馆照明	400	0.5	200	0.85	356	2×(4×95)
9P	信息管理系实验训调照明1	387	0.4	155	0.85	276	4×185+1×95
10P	行政办公楼照明	260	0.8	270	0.85	293	4×185
11P	装配工路基实验训调照明1	600	0.4	240	0.85	427	2×(4×150)
出线型号	YJV-0.6/1kV						
备注							

配电屏编号	6K						
配电屏型号	GCS						
屏宽	1000mm						
馈电线号	用途	设备功率/kW	K_x	计算功率/kW	cosφ	计算电流/A	出线规格
12P	备用						
13P	备用						
14P	图书馆消防控制室用电(主)	10	1	10	0.8	19	4×16
15P	信息管理系实验训调配电房用电(主)	10	1	10	0.8	19	5×16
16P	信息管理系实验训调照明2	155	0.6	93	0.85	166	4×70+1×35
17P	备用						
18P	室外照明	80	0.8	64	0.85	114	4×50+1×25
出线型号	13,14,15P:ZR-YJV-0.6/1kV 16,18P:YJV-0.6/1kV						
备注							

配电屏编号	7K						
配电屏型号	GCS						
屏宽	1000mm						
馈电线号	用途	设备功率/kW	K_x	计算功率/kW	cosφ	计算电流/A	出线规格
20P	行政办公楼空调	300	0.65	321	0.85	369	2×(4×95)
21P	图书馆空调	300	0.65	321	0.85	369	2×(4×95)
22P	备用						
出线型号	YJV-0.6/1kV						
备注							

配电系统 1

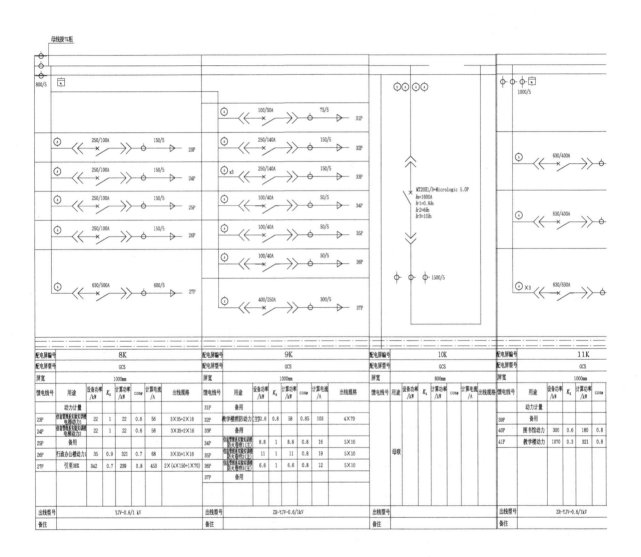

母线接TK柜

配电屏编号	8K						配电屏编号	9K						配电屏编号	10K						配电屏编号	11K					
配电屏型号	GCS						配电屏型号	GCS						配电屏型号	GCS						配电屏型号	GCS					
屏宽	1000mm						屏宽	1000mm						屏宽	800mm						屏宽	1000mm					
馈电线号	用途	设备功率/kW	K_x	计算功率/kW	cosφ	计算电流/A	出线规格	馈电线号	用途	设备功率/kW	K_x	计算功率/kW	cosφ	计算电流/A	出线规格	馈电线号	用途	设备功率/kW	K_x	计算功率/kW	cosφ	计算电流/A	出线规格	馈电线号	用途	设备功率/kW	K_x	计算功率/kW	cosφ
	动力计量							31P	备用																动力计量				
23P	信息管理系实验实训楼电梯动力1	22	1	22	0.6	56	3×35+2×16	32P	教学楼消防动力主	2.6	0.8	58	0.85	103	4×70									39P	备用				
24P	信息管理系实验实训楼电梯动力2	22	1	22	0.6	56	3×35+2×16	33P	备用															40P	图书馆动力	300	0.6	180	0.8
25P	备用							34P	信息管理系实验实训防火卷帘门1(主)	8.8	1	8.8	0.8	16	5×10	母联								41P	教学楼动力	1070	0.3	321	0.8
26P	行政办公楼动力1	35	0.9	321	0.7	68	3×35+1×16	35P	信息管理系实验实训防火卷帘门2(主)	11	1	11	0.8	19	5×10														
27P	引至38K	342	0.7	239	0.8	453	2×(4×150+1×70)	36P	信息管理系实验实训防火卷帘门3(主)	6.6	1	6.6	0.8	12	5×10														
								37P	备用																				
出线型号	YJV-0.6/1 kV							出线型号	ZR-YJV-0.6/1kV							出线型号								出线型号	ZR-YJV-0.6/1kV				
备注								备注								备注								备注					

图 4-13 低压

母线接15K柜

500/5 → 39P

500/5 → 40P

800/5 → 41P

X3 250/200A 300/5 → 42P
X3 250/180A 200/5 → 43P
X3 250/160A 200/5 → 44P
X3 100/50A 75/5 → 45P
X3 100/50A 75/5 → 46P
X3 400/315A 400/5 → 47P
X3 630/500A 600/5 → 48P

X3 250/200A 300/5 → 49P
X3 250/160A 200/5 → 51P
X3 1000/800A 1000/5 → 52P

X3 250/160A 200/5 → 54P
X3 250/160A 200/5 → 55P
X3 630/400A 500/5 → 56P
X3 630/400A 500/5 → 57P

配电屏编号			12K						
配电屏型号			GCS						
屏宽			1000mm						
计算电流/A	出线规格	馈电线号	用途	设备功率/kW	K_x	计算功率/kW	cosφ	计算电流/A	出线规格
		42P	备用						
		43P	信息管理系实验实训室3	145	0.6	87	0.85	155	4×70+1×35
340	2×(3×95+1×50)	44P	信息管理系实验实训室4	140	0.6	84	0.85	149	4×70+1×35
574	2×(4×240)	45P	备用						
		46P	备用						
		47P	路桥工程系实验实训室2	270	0.6	162	0.85	289	4×185
		48P	备用						
出线型号			YJV-0.6/1kV						
备注									

配电屏编号			13K						
配电屏型号			GCS						
屏宽			1000mm						
计算电流/A	出线规格	馈电线号	用途	设备功率/kW	K_x	计算功率/kW	cosφ	计算电流/A	出线规格
		49P	备用						
		50P	备用						
		51P	备用						
		52P	引至18K	548	0.6	328	0.8	622	3×(4×150+1×70)
出线型号			YJV-0.6/1kV						
备注									

配电屏编号			14K						
配电屏型号			GCS						
屏宽			1000mm						
计算电流/A	出线规格	馈电线号	用途	设备功率/kW	K_x	计算功率/kW	cosφ	计算电流/A	出线规格
		54P	备用						
		55P	备用						
		56P	工程经济系实验实训室1	500	0.4	200	0.85	356	2×(4×95)
		57P	工程经济系实验实训室2	400	0.5	200	0.85	356	2×(4×95)
出线型号			YJV-0.6/1kV						
备注									

配电系统2

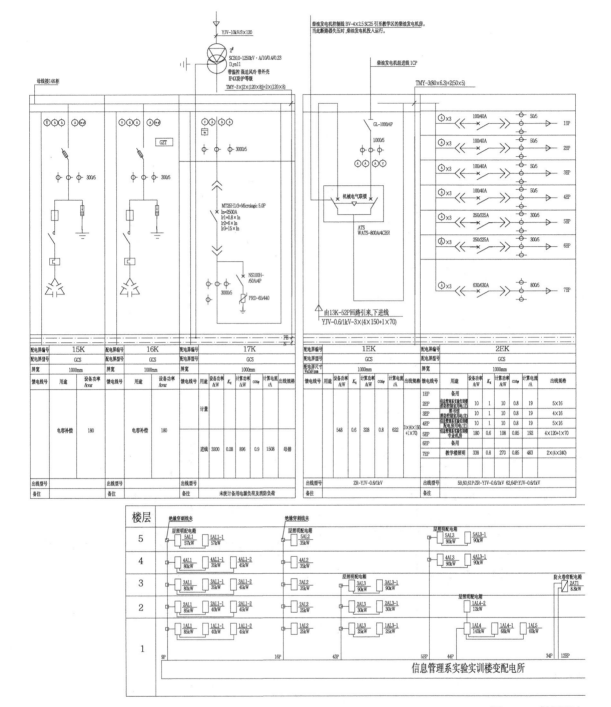

图 4-14　低压配电

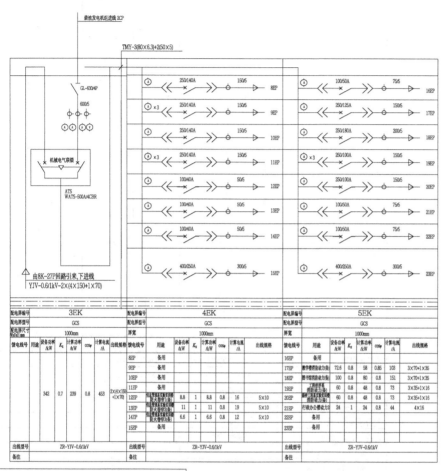

配电屏编号	3EK						配电屏编号	4EK							配电屏编号	5EK						
配电屏型号	GCS						配电屏型号	GCS							配电屏型号	GCS						
配电屏尺寸	1000mm						屏宽	1000mm							屏宽	1000mm						
馈电线号	用途	设备功率/kW	K_x	计算功率/kW	cosφ	计算电流/A	出线规格	馈电线号	用途	设备功率/kW	K_x	计算功率/kW	cosφ	计算电流/A	出线规格	馈电线号	用途	设备功率/kW	K_x	计算功率/kW	cosφ	计算电流/A	出线规格
		342	0.7	239	0.8	453	2×(4×150+1×70)	8EP	备用							16EP							
								9EP	备用							17EP	教学楼消防动力(箱)	72.6	0.8	58	0.85	103	3×70+1×35
								10EP	备用							18EP	图书馆消防动力(箱)	100	0.8	80	0.8	151	3×70+1×35
								11EP	备用							19EP	工程部消防动力箱	60	0.8	48	0.8	73	3×35+1×16
								12EP	低压管井电动检修阀消防水电动检修阀	8.8	1	8.8	0.8	16	5×10	20EP	附属工程及室外消防消防动力箱	60	0.8	48	0.8	73	3×35+1×16
								13EP	低压管井电动检修阀消防水电动检修阀	11	1	11	0.8	19	5×10	21EP	行政办公楼动力箱	24	1	24	0.8	44	4×16
								14EP	低压管井电动检修阀消防水电动检修阀	6.6	1	6.6	0.8	12	5×10	22EP	备用						
								15EP	备用							23EP	备用						
出线型号	ZR-YJV-0.6/1kV						出线型号	ZR-YJV-0.6/1kV							出线型号	ZR-YJV-0.6/1kV						
备注							备注								备注							

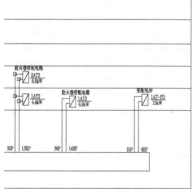

配电系统 3 干线系统

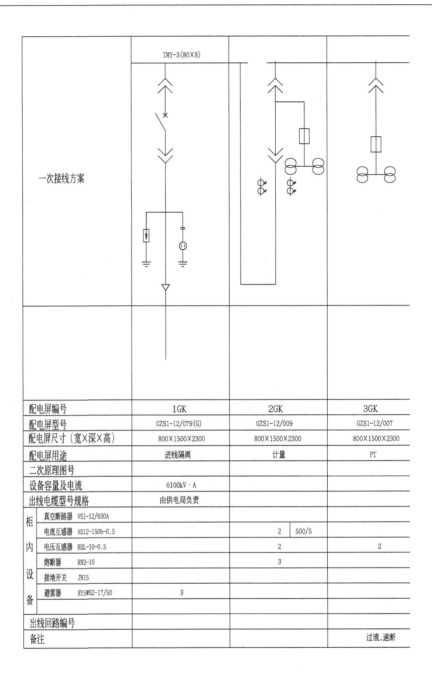

配电屏编号	1GK	2GK	3GK
配电屏型号	GZS1-12/079(G)	GZS1-12/009	GZS1-12/007
配电屏尺寸（宽×深×高）	800×1500×2300	800×1500×2300	800×1500×2300
配电屏用途	进线隔离	计量	PT
二次原理图号			
设备容量及电流	6100kV·A		
出线电缆型号规格	由供电局负责		

柜内设备	真空断路器 VS1-12/630A			
	电流互感器 AS12-150b-0.5		2 500/5	
	电压互感器 REL-10-0.5		2	2
	熔断器 RN2-10		3	
	接地开关 JN15			
	避雷器 HY5WS2-17/50	3		
出线回路编号				
备注			过流,速断

说 明

1. 本工程要求引入一路10kV高压电源。
2. 高压开关柜选用GZS1-12型中置柜,采用弹簧储能操作,操作电源为直流220V。
   直流电源选用GZDW-52/GK-100/220-M铅酸免维护蓄电池成套装置,
   容量为60A·h。
3. 本工程继电保护采用DVP-500系列综合自动保护,二次图参见厂家标准图。
4. 每台柜内要求安装自动防凝露元件。
5. 要求所有开关柜符合"五防"要求。

图 4-15 高压

TMY-3(80×8)	TMY-3(80×8)	TMY-3(80×8)	TMY-3(80×8)
SCB10-1250kV·A/ 10/0.4/0.23kV	SCB10-1250kV·A/ 10/0.4/0.23kV		
4GK	5GK	6GK	7GK
GZS1-12/003	GZS1-12/003	GZS1-12/003	GZS1-12/003
800×1500×2300	800×1500×2300	800×1500×2300	800×1500×2300
至1#中心变配电所1#变压器	至1#中心变配电所2#变压器	至宿舍区变配电所	至住宅区变配电所
1250kV·A 72A	1250kV·A 72A	2000kV·A 115A	1600kV·A 92A
YJV-10kV/3×120	YJV-10kV/3×120	YJV-10kV/3×240	YJV-10kV/3×150
1	1	1	1
2	100/5	2	100/5	2	150/5	2	150/5
1	1	1	1
3	3	3	3
过流,速断,超温,零序	过流,速断,超温,零序	过流,速断	过流,速断

配电系统

7台高压开关柜，型号为GZS1-12型中置式真空开关柜，其中1台进线隔离柜、1台电压互感器柜、1台专用计量柜、4台出线柜。2台直流配电屏。

17台低压开关柜，型号为GCS抽屉式开关柜。其中2台进线柜、4台低压电容补偿屏、10台出线柜和1台联络与隔离柜。总共编号有57个回路，备用回路21个。

2. 负荷等级及供电电源

应急照明和消防控制室等消防设施电源属于二级负荷，其余为三级负荷。

由城市电网引一路独立的10kV电源，电缆YJV-10kV/3×120穿管SC100埋地引入。

3. 负荷估算

总设备容量为6050kW，总计算容量为1751kW。

4. 高压配电系统

10kV高压配电系统为单母线运行方式，铜排母线TMY-3（80×8）。

高压断路器采用真空断路器、弹簧操作机构，操作电源采用GZDW-52/GK-100/220-M免维护铅酸电池柜作为直流操作系统。

柜内还装有电流互感器、电压互感器、高压熔断器、避雷器、指示灯等元器件。

继电保护采用DVP-500系列综合自动保护。

高压开关柜落地安装在L80槽钢制成的基础型钢底座上。

5. 低压配电系统

低压配电系统接地形式采用TN-S系统。工作零线（N）和接地保护线（PE）从变配电所低压开关柜开始分开，不再相连。低压配电系统采用220～380V放射式与树干式相结合的方式。

1号变压器与2号变压器之间的电压母线设联络断路器，低压为单母线分段运行，铜排母线TMY-3×[2×(120×8)]+2×(120×8)。主进线断路器与联络断路器设电气联锁，任何情况下只能合其中的一个断路器。

空气断路器采用CW1系列智能型断路器及T1M1系列塑壳断路器。其中主进线断路器具有长延时，短延时，瞬时动作三段保护过流脱扣器，短路开断能力大于50kA。

柜内还装有电流互感器、电压互感器、低压熔断器、避雷器、指示灯等元器件。

低压开关柜落地安装在[80槽钢制成的基础型钢底座上。

变压器低压出线侧至配电柜1600A密集封闭母线由厂家协作制造。

6. 计量

本工程采用高低压双计量，动力、照明分开计量，其中照明部分又分为住宅用电、商业用电、办公用电计量，表计按供电部门要求处理。

7. 功率因数补偿

本工程采用低压集中自动无功补偿方式，每台变压器低压母线上装设干式补偿电容器，对系统进行无功功率自动补偿，使补偿后功率因数大于0.9。4台低压电容补偿屏，屏内还有继电器、接触器等。

8. 其他

在变配电所设置计算机管理电源监测系统DVP-500系列综合自动保护。

高低压开关柜下设有电缆沟，盖板采用1200mm×10mm花纹钢盖板，沟内设L50mm×5mm角钢支架。

项目五　建筑防雷接地工程

　　雷电是一种常见的自然现象，它能产生强烈的闪光、霹雳，有时落到地面上，击毁房屋、杀伤人畜，给人类带来了极大危害。电力系统中，当电气设备绝缘损坏时，外露的可导电部位将会带电，并危及人身安全。为了确保建筑物及人身安全和电力系统及设备的安全平稳运行，需采取一定的接地措施，把雷电流和漏电电流及时导入大地中，同时对触电人员采取必要的急救措施。

任务一　雷　　电

一、雷电的危害

1. 雷电的形成

　　雷是带有电荷的雷云与雷云之间或雷云对大地（物体）之间产生急剧放电的一种自然现象。带有电荷的云称为雷云。

2. 雷电的活动规律

　　潮湿地区比干燥地区雷电多，山区比平原地区雷电多，平原地区比沙漠地区雷电多，陆地比湖海地区雷电多。一年当中七八月份雷电多，一天当中下午比上午雷电多。

3. 雷电危害建筑电器的规律

　　建筑物的突出部分易受雷击，如屋脊、屋角、烟囱、天线、露出屋面的金属物和爬梯等；屋顶为金属结构、地下埋有大量金属管道或屋内存有大量金属设备的建筑易受雷击；高耸突出的建筑易受雷击，如单个高层建筑、水塔等；排出导电尘埃的建筑和废气管道易受雷击；屋旁的人、树和山区输电线路易受雷击。

4. 雷电的种类

　　（1）直击雷　雷直接击在建筑物和设备上而发生的机械效应和热效应，空中带电荷的雷云直接与地面上的建筑物或物体之间发生的放电，产生雷击破坏现象称为直击雷。直击雷使建筑物及内部设备因雷电的高温引起火灾，在雷电流通道上，物体水分受热气化而迅速膨胀，产生强大的机械力，使建筑物受到破坏。

　　（2）感应雷　雷电流产生的电磁效应和静电效应。直击雷放电时，由于雷电流变化的梯度较大，周围产生交变磁场，使周围金属构件产生较大感应电动势，形成火花放电，称为感应雷，感应雷极易造成火灾。此外，在直击雷放电时，雷电波会沿架空输电线路侵入室内击穿设备的绝缘或造成人员伤亡，这种现象称为高电位反击。

（3）球形雷 雷电流沿门窗进入建筑物内部。球形雷是指在雷雨季节时会出现发光气团，它能沿地面滚动或在空气中飘行，当从开着的门窗飘然而入时，释放出的能量容易造成人员伤亡。这种球形雷的机理尚未研究清楚，为防止球形雷的侵入，可把门窗的金属框架接地和加装金属网。

5. 雷电的破坏作用

（1）雷电流的热效应 雷电流的数值很大，巨大的雷电流通过导体时，短时间内产生大量的热能，可能造成金属熔化、飞溅而引起火灾或爆炸。

（2）雷电流的机械效应 雷电流的机械破坏力很大，可分为电动力和非电动机械力两种。电动力是由于雷电流的电磁作用产生的冲击性机械力。如有些树木被劈裂，烟囱和墙壁被劈倒等，属于非电动机械力的破坏作用。

（3）跨步电压及接触电压 当雷电流经地面雷击点或接地体散入周围土壤时，离接地极越近，电位越高，离接地极越远，电位越低。当人跨步在接地极附近时，由于两脚所处的电位不同，在两脚之间就有电位差，这就是跨步电压。此电压加在人体时，就有电流流过人体，当电流大到一定程度，人就会因触电而受到伤害。

（4）架空线路的高电位侵入 电力、通信和广播等架空线路，受电击时产生很高的电位，产生很大的高频脉冲电流，沿着线路侵入建筑物，会击穿电气设备绝缘、烧坏变压器和设备、引发触电伤亡事故，甚至造成建筑物的破坏事故。

二、防雷等级

1. 一级防雷的建筑物

指具有特别重要用途的建筑物，如国家级会堂、办公建筑、档案馆、大型博展建筑；特大型、大型铁路旅馆站；国际性的航空港、通信枢纽；国宾馆、大型旅游建筑、国际港口客运站等。另外，还包括国家级重点文物保护的建筑物和构筑物及高度超过100m的建筑物。

2. 二级防雷的建筑物

指重要的人员密集的大型建筑物，如省部级办公楼；省级会堂、博展、体育、交通、通信、广播等建筑以及大型商店、影剧院等。另外，还包括省级重点文物保护的建筑物和构筑物；19层以上的住宅建筑和高度超过50m的其他民用建筑物；省级以上大型计算中心和装有重要电子设备的建筑物等。

3. 三级防雷建筑物

指当年计算雷击次数大于0.05时，或通过调查确定需要防雷的建筑物；建筑群中最高或位于建筑物边缘高度超过20m的建筑物；高度为15m以上的烟囱、水塔等孤立的建筑物或构筑物，在雷电活动较弱地区（年平均雷暴日不超过15天）其高度可为20m以上；历史上雷害事故严重地区或雷害事故较多地区的较重要建筑物。

任务二 建筑物防雷装置

一、建筑防雷装置的构成

建筑防雷装置主要由接闪器、引下线和接地装置3部分组成。其作用原理是：将雷电引向自身并安全导入地内，从而使被保护的建筑物免遭雷击。

1. 接闪器

接闪器是专门用来接受雷击的金属导体。其形式可分为避雷针、避雷带（网）、避雷线及兼作接闪的金属屋面和金属构件（如金属烟囱，风管）等。所谓"避雷"是习惯叫法，按着本章主要介绍的防雷装置做法实际上是"引雷"，即将雷电流按预先安排的通道安全地引入大地。因此，所用接闪器都必须经过接地引下线与接地装置相连接。

（1）避雷针　避雷针是在建筑物突出部位或独立装设的针形导体，可吸引改变雷电的放电电路，通过引下线和接地体将雷电流导入大地。

（2）避雷带和避雷网　避雷带是利用小型截面圆钢或扁钢装于建筑物易遭雷击的部位，如屋脊、屋檐、屋角、女儿墙和山墙等条形长带。避雷网相当于纵横交错的避雷带叠加在一起，形成多个网孔，它既是接闪器，又是防感应雷的装置，因此是接近全部保护的方法，一般用于重要的建筑物。

（3）避雷线　架设在架空线路上方，以保护架空线路免受直接雷击。

（4）避雷器　避雷器是用来防护雷电产生的过电压波沿线路侵入变电所或其他建筑物内，以免危及被保护设备绝缘的电气元件。正常时，避雷器的间隙保持绝缘状态，不影响系统的运行；当因雷击有高压波沿线路袭来时，避雷器间隙被击穿，强大的雷电流导入大地；当雷电流通过以后，避雷器间隙又恢复绝缘状态，供电系统正常运行。

2. 引下线

引下线是指连接接闪器和接地装置的金属导体。一般采用圆钢或扁钢，优先采用圆钢。

（1）引下线的选择和设置　引下线应沿建筑物外墙明敷，并经最短路径接地；建筑物要求较高者可明敷，但其圆钢直径不应小于10mm，扁钢截面积不应小于80mm^2。

建筑物的金属构件（如消防梯等）、金属烟囱、烟囱的金属爬梯、混凝土柱内钢筋、钢柱等都可作为引下线，但其所有部件之间均应连成电气通路。

（2）断接卡子　设置断接卡子的目的是为了便于运行、维护和检测接地电阻。采用多根专设引下线时，为了便于测量接地电阻以及检查引下线、接地线的连接状况，宜在各引下线上与距地面0.3～1.8m之间设置断接卡。断接卡应有保护措施。

3. 接地装置

接地装置是指接地体（又称接地极）和接地线的总合。它的作用是将引下线引下的雷电流迅速流散到大地土壤中去。

（1）接地体　接地体是埋入土壤中或混凝土基础中作散流用的导体，可分为自然接地和人工接地。

（2）接地线　接地线是从引下线断接卡或换线处至接地体的连接导体，也是接地体与接地体之间的连接导体。

（3）基础接地体　在高层建筑中，利用柱子和基础内的钢筋作为引下线和接地体，这种引下线和接地体具有经济、美观和有利于雷电流流散以及不必维护和寿命长等优点。将设在建筑物钢筋混凝土桩基和基础内的钢筋作为接地体，这种接地体常称为基础接地体。利用基础接地体的接地方式称为基础接地，国外有UFFER接地。基础接地体可分为以下两类：

① 自然基础接地体。利用钢筋混凝土中的钢筋或混凝土基础中的金属结构作为接地体，这种接地体称为自然基础接地体。

② 人工基础接地体。把人工接地体敷设在没有钢筋的混凝土基础内，这种接地体称为人工基础接地体。有时候，在混凝土基础内虽有钢筋，但由于不能满足利用钢筋作为自然基

础接地体的要求（如由于钢筋直径太小或钢筋总截面积太小），也会在这种钢筋混凝土基础内加设人工接地体的情况，这时所加入的人工接地体也称为人工基础接地体。

二、建筑防雷装置的安装

1. 避雷针的安装

避雷针一般用镀锌钢管或镀锌圆钢制成，其长度在 1m，圆钢直径不小于 12mm，钢管直径不小于 20mm。针长度在 1～2m 时，圆钢直径不小于 16mm，钢管直径不小于 25mm。烟囱顶上的避雷针，圆钢直径不小于 20mm，钢管直径不小于 40mm。

建筑物上的避雷针应和建筑物顶部的其他金属物体连成一个整体的电气通路，并与避雷引下线连接可靠。如图 5-1 所示为避雷针在山墙上安装。

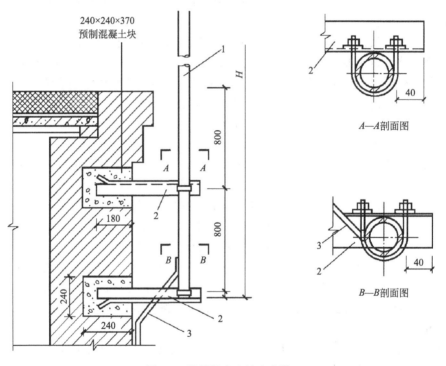

图 5-1　避雷针在山墙上安装
1—避雷针；2—支架；3—引下线

注意：避雷针用于保护细高的构筑物；不得在避雷针构架上设低压线路或通信线路；引下线安装要牢固可靠，独立避雷针的接地电阻一般不宜超过 10Ω。

2. 避雷线的安装

架空避雷线和避雷网宜采用截面积不小于 35mm² 的镀锌钢绞线，架在架空线路上方，用来保护架空线路避免遭雷击。

3. 避雷带和避雷网的安装

避雷带和避雷网宜采用圆钢和扁钢，优先采用圆钢。圆钢直径不应小于 12mm。扁钢截面积不应小于 100mm²，其厚度不应小于 4mm。避雷带应装设在建筑物易遭雷击的部位，可采用预埋扁钢或预制混凝土支座等方法，将避雷带与扁钢支架焊为一体。避雷带和避雷网用于保护顶面面积较大的构筑物。

避雷带在天沟、屋面及女儿墙上的安装如图 5-2 所示。

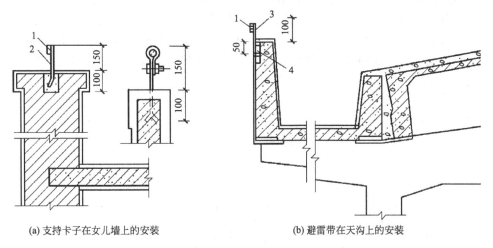

(a) 支持卡子在女儿墙上的安装　　　　(b) 避雷带在天沟上的安装

图 5-2　避雷带在天沟、屋面及女儿墙上的安装

1—避雷带；2—支持卡子；3—支架；4—预埋件

4. 避雷器的安装

避雷器与被保护设备并联，装在被保护设备的电源侧。当线路上出现危及设备绝缘的过电压时，它就对大地放电。常用的避雷器有阀式避雷器、管式避雷器等。

图 5-3 为阀式避雷器在墙上的安装示意图。

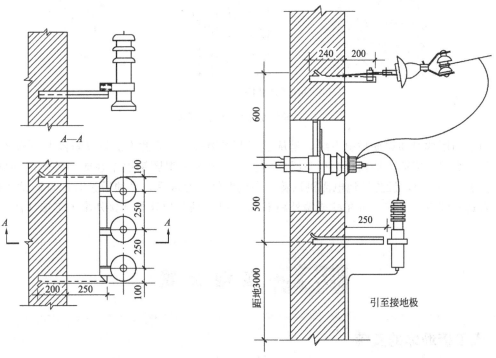

图 5-3　阀式避雷器的安装

5. 引下线的安装

引下线可用圆钢或扁钢制作两种。圆钢直径不应小于 8mm；扁钢截面积不应小于

48mm²，其厚度不应小于4mm。引下线分明敷和暗敷两种。

（1）引下线沿墙或混凝土构造柱暗敷设　引下线沿砖墙或混凝土构造柱内暗敷设，应配合土建主体外墙或构造柱施工。将钢筋调直后先与接地体或断接卡子连接好，由上至下展放或一段段连接钢筋，敷设路径尽量短而直，可直接通过挑檐板或女儿墙与避雷带焊接。

（2）利用建筑物钢筋做防雷引下线　防直击雷装置的引下线应优先利用建筑物钢筋混凝土中的钢筋，不仅可节约钢材，更重要的是比较安全。

6. 断接卡子

断接卡子有明装和暗装两种，断接卡子可利用25mm×4mm的镀锌扁钢制作，断接卡子应用2根镀锌螺栓拧紧。暗装引下线断接卡子安装如图5-4所示。

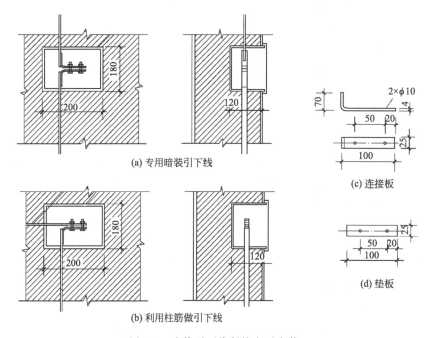

图 5-4　暗装引下线断接卡子安装

由于利用建筑物钢筋做引下线，是从上而下连接一体，因此不能设置断接卡子测试接地电阻值，需在柱或剪力墙内作为引下线的钢筋上，另焊一根圆钢引至柱或墙外侧的墙体上，在距护坡1.8m处，设置接地电阻测试箱。在建筑结构完成后，必须通过测试点测试接地电阻，若达不到设计要求，可在柱或墙外距地0.8～1m预留导体处加接外附人工接地体。

任务三　接　地　装　置

一、人工接地体的安装

1. 接地体的加工

垂直接地体多使用角钢或钢管，一般应按设计规定数量和规格进行加工。其长度宜为2.5m，两接地体间距宜为5m。通常情况下，在一般土壤中采用角钢接地体，在坚实土壤中采用钢管接地体。为便于接地体垂直打入土中，应将打入地下的一端加工成尖形。为了防止将钢管或角钢打裂，可用圆钢加工一种护管帽套入钢管端，或用一块短角钢（约长10cm）焊在接地角钢的一端。水平接地体宜为扁钢或圆钢。

2. 挖沟

装设接地体前，需沿接地体的线路先挖沟，以便打入接地体和敷设连接这些接地体的扁钢。接地装置需埋于地表层以下，一般接地体顶部距地面不应小于0.6m。

按设计规定的接地网路线进行测量、划线，然后依线开挖，一般沟深0.8~1m，沟的上部宽0.6m，底部宽0.4m，沟要挖得平直，深浅一致，且要求沟底平整，如有石子应清除。挖沟时，如附近有建筑物或构筑物，沟的中心线与建筑物或构筑物的距离不宜小于2m。

3. 敷设接地体

沟挖好后应尽快敷设接地体，以防止塌方。接地体一般用手锤打入地下，并与地面保持垂直，防止与土壤产生间隙，增加接地电阻，影响散流效果。

二、接地线的敷设

接地线分为人工接地线和自然接地线。在一般情况下，人工接地线应采用扁钢或圆钢，并应敷设在易于检查的地方，且应有防止机械损伤及化学腐蚀的保护措施。从接地干线敷设到用电设备的接地支线的距离越短越好。当接地线与电缆或其他电线交叉时，其间距至少要维持25mm。在接地线与管道、公路、铁路等交叉处及其他可能使接地线遭受机械损伤的地方，均应套钢管或角钢保护。当接地线跨越有震动的地方时，如铁路轨道，接地线应略加弯曲，以便震动时有伸缩的余地，避免断裂。

1. 接地体间的连接

垂直接地体间多用扁钢连接。当接地体打入地下后，即可将扁钢放置于沟内，扁钢与接地体用焊接的方法连接。扁钢应侧放，这样既便于焊接，又可减小其散流电阻。

接地体与连接扁钢焊接好后，经过检查确认接地体埋设深度、焊接质量、接地电阻等均符合要求后，即可将沟填平。

2. 接地干线与接地支线的敷设

接地干线与接地支线的敷设分为室内和室外两种。室外的接地干线和支线是供室外电气设备接地使用的，室内的则是供室内的电气设备使用的。

室外接地干线与接地支线一般敷设在沟内，敷设前应按设计要求挖沟，然后埋入扁钢。由于接地干线与接地支线不起接地散流作用，所以埋设时不一定要立放。接地干线与接地体及接地支线均采用焊接连接。接地干线与接地支线末端应露出0.5m，以便接引地线。敷设完后即回填土夯实。室内的接地线一般多为明敷，但有时因设备接地需要也可埋地敷设或埋设在混凝土层中。明敷的接地线一般敷设在墙上、母线架上或电缆的桥架上。

3. 敷设接地线

当固定沟或支持托板埋设牢固后，即可将调直的扁钢或圆钢放在固定沟或支持托板内进行固定。在直线段上不应有高低起伏及弯曲等现象。当接地线跨越建筑物伸缩缝、沉降缝时，应加设补偿器或将接地线本身弯成弧状。

接地干线过门时，可在门上明敷设通过，也可在门下室内地面暗敷设通过。接电气设备的接地支线往往需要在混凝土地面中暗敷设，在土建施工时应及时配合敷设好。敷设时应根据设计需要将接地线一端接电气设备，一端接距离最近的接地干线。所有的电气设备都需要单独地敷设接地干线，不可将电气设备串联接地。为了便于测量接地电阻，当接地线引入室内后，必须用螺栓与室内接地线连接。

三、接地体（线）的连接

接地体（线）的连接一般采用搭接焊，焊接处必须牢固无虚焊。有色金属接地线不能采用焊接时，可采用螺栓连接。接地线与电气设备的连接也采用螺栓连接。

接地体连接时的搭接长度为：扁钢与扁钢连接为其宽度的 2 倍，当宽度不同时，以窄的为准，且至少 3 个棱边焊接；圆钢与圆钢连接为其直径的 6 倍；圆钢与扁钢连接为圆钢外径的 6 倍；扁钢与钢管焊接时，为了连接可靠，除应在其接触部位两侧进行焊接外，还应焊上由扁钢弯成的弧形卡子，或直接将接地扁钢本身弯成弧形与钢管焊接。

四、建筑物基础接地装置安装

高层建筑的接地装置大多以建筑物的深基础作为接地装置。当利用钢筋混凝土基础内的钢筋作为接地装置时，敷设在钢筋混凝土中的单根钢筋或圆钢，其直径应不小于 10mm。被利用作为防雷装置的混凝土构件内用于箍筋连接的钢筋，其截面积总和应不小于 1 根直径为 10mm 钢筋的截面积。

利用建筑物基础内的钢筋作为接地装置时，应在与防雷引下线相对应的室外埋深 0.8~1m 处，由被用作引下线的钢筋上焊出一根 $\phi12$mm 圆钢或 40mm×4mm 镀锌扁钢，此导体伸向室外，距外墙皮的距离不宜小于 1m。此圆钢或扁钢能起到当遥测接地电阻和整个建筑物的接地电阻值达不到规定要求时，给补打人工接地体创造条件。

1. 钢筋混凝土桩基础接地体的安装

高层建筑的基础桩基，不论是挖孔桩、钻孔桩，还是冲击桩，都是将钢筋混凝土桩子深入地中，桩基顶端设承台，承台用承台梁连接起来，形成一座大型框架地梁。承台顶端设置混凝土桩、梁、剪力墙及现浇楼板等，空间和地下构成一个整体，墙、柱内的钢筋均与承台梁内的钢筋互相绑扎固定，它们互相之间的电气导通是可靠的。

桩基础接地体的安装如图 5-5 所示。一般在作为防雷引下线的柱子（或者剪力墙内钢筋作引下线）位置处，将桩基础的抛头钢筋与承台梁主钢筋焊接，如图 5-6 所示，并与上面作为引下线的柱（或剪力墙）中的钢筋焊接。如果每一组桩基多于 4 根时，需要连接其四角桩基的钢筋作为防雷接地体。

2. 独立柱基础、箱形基础接地体的安装

钢筋混凝土独立柱基础及钢筋混凝土箱形基础作为接地体时，应将用作防雷引下线的现浇钢筋混凝土柱内的符合要求的主筋，与基础底层钢筋网进行焊接连接。

钢筋混凝土独立柱基础如有防水油毡及沥青包裹时，应通过预埋件和引下线，跨越防水油毡和沥青层，将柱内的引下线钢筋、垫层内的钢筋与接地柱相焊接。利用垫层钢筋和接地桩柱作接地装置。

3. 钢筋混凝土板式基础接地体的安装

利用无防水层底板的钢筋混凝土板式基础做接地体时，应将用作防雷引下线的符合规定的柱主筋与底板的钢筋进行焊接。

在进行钢筋混凝土板式基础接地体安装时，当板式基础有防水层时，应将符合规格和数量的、可以用来做防雷引下线的柱内主筋，在室外自然地面以下的适当位置处，利用预埋连接板与外引出的 $\phi12$mm 镀锌圆钢或 40mm×4mm 扁钢相焊接作连接线，同有防水层的钢筋混凝土板与基础的接地装置连接。

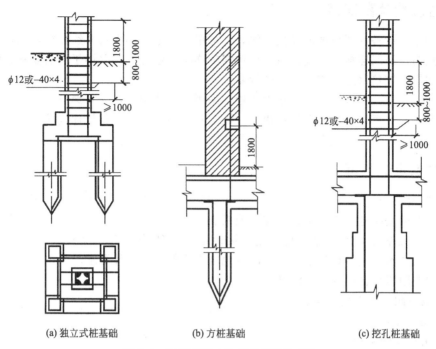

(a) 独立式桩基础　　　　(b) 方桩基础　　　　(c) 挖孔桩基础

图 5-5　钢筋混凝土桩基础接地体安装

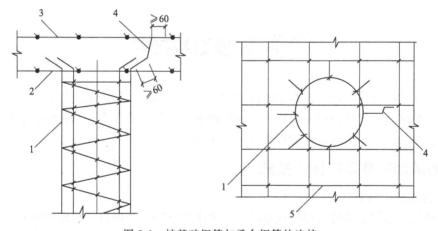

图 5-6　桩基础钢筋与承台钢筋的连接

1—柱基钢筋；2—承台下层钢筋；3—承台上层钢筋；4—连接导体；5—承台钢筋

五、等电位联结

等电位的含义也就是"将设备等外壳或金属部分与地线联结"。

等电位联结端子箱是适用于一般工业与民用建筑物电气装置，为了防止间接触电和防接地系统故障引起的爆炸和火灾而做的等电位联结，可以有效预防建筑物防雷系统故障和电子信息设备过电压带来的损坏事故。

① 总等电位箱 MEB。一般用于配电室内作重复接地用。

② 局部电位联结端子箱 LEB。一般用于住户的带洗浴设备的卫生间内，用于洗浴设备及相关插座的接地。

六、设备接地装置安装

所有的电气设备都要单独埋设接地线，不可串联接地。不得将零线作接地用，零线与接地线应单独与接地网连接。电气设备与接地线的连接方法有焊接（用于不需要移动的设备金属构架）和螺纹连接（用于需要移动的设备）。

电气设备外壳上一般都有专用接地螺栓，采用螺纹连接时，先将螺母卸下，擦净设备与接地线的接触面；再将接地线端部搪锡，并涂上凡士林油；然后将接地线接入螺栓，若在有振动的地方，需加垫弹簧垫圈，然后将螺母拧紧。

七、接地电阻的测试

接地装置除进行必要的外观检测外，还应测量其接地电阻。测量接地电阻的方法较多，目前使用最多的是接地电阻测量仪，即接地摇表。

接地电阻应按防雷建筑的类别确定，接地电阻一般为 30Ω、20Ω、10Ω，特殊情况在 40Ω 以上，具体数据按设计确定。当实测接地电阻不能满足设计要求时，可采取适当的措施以达到接地电阻设计值，常用方法如下：

① 置换电阻率较低的土壤。
② 接地体深埋。
③ 使用化学降阻剂。
④ 外引式接地。

任务四 接地和接零

电气上所谓的接地，指电位等于零的地方。一般认为，电气设备的任何部分与大地做良好的连接就是接地。变压器或发电机三相绕组的连接点称为中性点，如果中性点接地，则称为零点。由中性点引出的导线称为中线或工作接零。

一、故障接地的危害和保护措施

1. 故障接地的危害

故障接地是指供电系统或用电设备的非正常工作状态，当电网相线断线触及地面或电气设备绝缘损坏而漏电时，就有故障电流经触地点或接地体向大地流散，使地表面各点产生不同的电位。当人体经过漏电触电点或触及漏电设备时，就有电流从人身体的某部位通过，从而给人造成生命危险。

2. 保护措施

为保证人身安全和电气系统、电气设备的正常工作，一般将电气设备的外壳通过接地体与大地直接相连。对供电系统采取保护措施后，如发生短路、漏电等故障时，应及时将故障电路切断，消除短路地点的接地电压，确保人身安全和用电设备免遭损坏。

二、接地的方式及作用

1. 工作接地

为电气系统的正常运行需要，在电源中性点与接地装置做金属连接称为工作接地。工作接地如图 5-7 所示。

工作接地有利于安全，当电气设备有一相对地漏电时，其他两相对地电压是相电压，否则是线电压；高压系统可使继电保护设备准确地动作，并能消除单相电弧接地过电压，可防止零点电压偏移，保持三相电压基本平衡，可降低电气设备的绝缘水平。

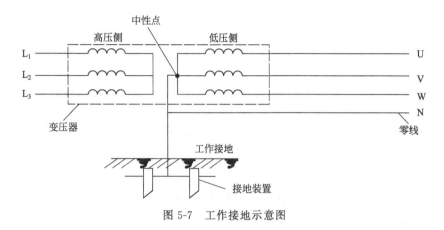

图 5-7 工作接地示意图

2. 重复接地

为尽可能降低零线的接地电阻，除变压器低压侧中性点直接接地外，将零线上一处或多处再次进行接地，称为重复接地。在供电线路终端或供电线路每次进入建筑物处都应该做重复接地，如图 5-8 所示。

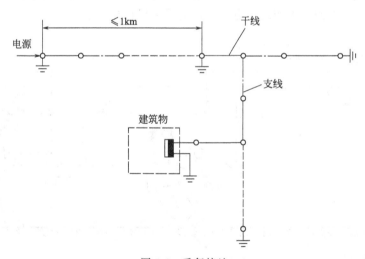

图 5-8 重复接地

切断重复接地的中性线，可以保护人身安全，大大降低触电的危险程度。一般规定重复接地电阻不得大于 10Ω，当与防雷接地合一时，不得大于 4Ω。漏电保护装置后的中性线不允许设重复接地。

3. 保护接地

把电气设备的金属外壳及与外壳相连的金属构架用接地装置与大地可靠地连接起来，以保护人身安全的接地方式，叫保护接地，其连线称为保护线（PE），如图 5-9 所示。保护接地一般用在 1000V 以下的中性点不接地的电网与 1000V 以上的电网中。

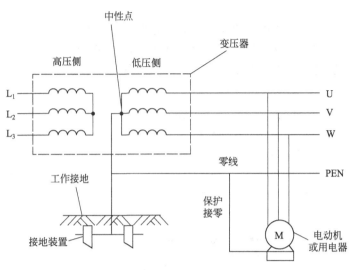

图 5-9　保护接地示意图

4. 保护接零

把电气设备的金属外壳与电源的中性线用导线连接起来称为保护接零，其连线称为保护线（PE），如图 5-10 所示。一旦发生单相短路，电流很大，于是自动开关切断电路，电动机断电，从而避免了触电危险。

保护接零一般用在 1000V 以下的中性点接地的三相四线制电网中。目前供照明用的 380/220V 中性点接地的三相四线制电网中广泛采用保护接零措施。

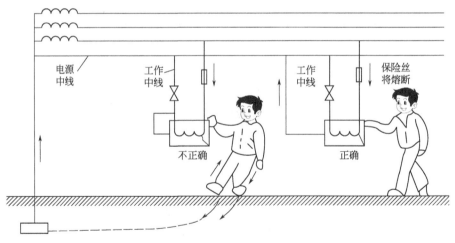

图 5-10　保护接零示意图

5. 工作接零

单相用电设备为获取单相电压而接的零线，称为工作接零，其连接线称中性线（N），与保护线共用的称为 PEN 线，如图 5-11 所示。

6. 防雷接地

为避免建筑物及其内部的电气设备遭受雷电侵害，防雷接地装置将雷电流迅速安全地引入大地。

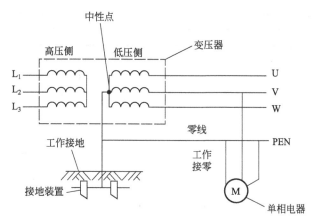

图 5-11　工作接零示意图

任务五　低压配电系统的接地形式

低压配电系统的接地形式可分为以下 3 种。

一、TN 系统

电力系统中性点直接接地，受电设备的外露可导电部分通过保护线与接地点连接。按照中性线与保护线组合情况，又可分为 3 种形式。

1. TN-S 系统

整个系统的中性线（N）与保护线（PE）是分开的，如图 5-12 所示。因为 TN-S 系统（又称五线制系统）可安装漏电保护开关，有良好的漏电保护性能，所以在高层建筑或公共建筑中得到广泛应用。

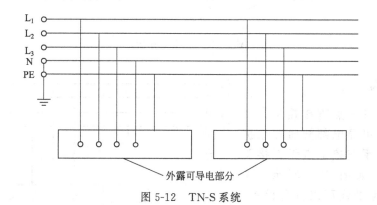

图 5-12　TN-S 系统

2. TN-C 系统

整个系统的中性线（N）与保护线（PE）是合一的，如图 5-13 所示。TN-C 系统（又称四线制系统）主要应用在三相动力设备比较多的系统中，例如工厂、车间等，因为少配一根线，比较经济。

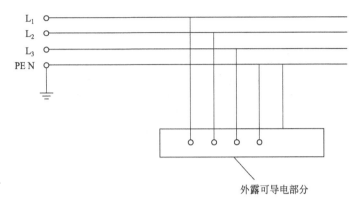

图 5-13 TN-C 系统

3. TN-C-S 系统

系统的前一部分线路的中性线（N）与保护线（PE）是合一的，而系统的后一部分线路的中性线（N）与保护线（PE）则是分开的，如图 5-14 所示。TN-C-S 系统（又称四线半系统）主要应用在配电线路为架空配线，用电负荷分散，距离又较远的系统。但要求线路在进入建筑物时，将中性线进行重复接地，同时再分出一根保护线，因为外线少配一根，比较经济。

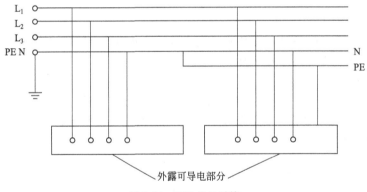

图 5-14 TN-C-S 系统

二、TT 系统

电力系统有一点直接接地，受电设备的外露可导电部分通过保护线接至与电力系统接地点无直接关联的接地极，如图 5-15 所示。在 TT 系统中，保护线可以各自设置，由于各自设置的保护线互不相关，因此电磁环境适应性较好，但保护人身安全性较差，目前仅在小负荷系统中应用。

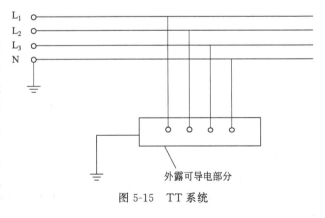

图 5-15 TT 系统

三、IT 系统

电力系统的带电部分与大地无直接连接（或有一点经足够大的阻抗接地），受电设备的外露可导电部分通过保护线接至接地极，如图 5-16 所示。在 IT 系统中的电磁环境适应性比较好，当任何一相故障接地时，大地即作为相线工作，可以减少停电的机会，多用于煤矿及工厂等希望尽量少停电的系统。

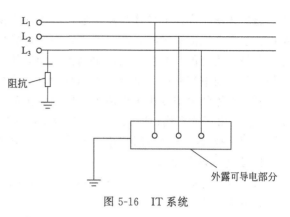

图 5-16　IT 系统

任务六　安全用电常识

一、触电的方式

1. 单相触电

单相触电是指人站在地面或接地导体上，人体触及电气设备带电的任何一相所引起的触电。大部分触电事故是单相触电事故，其危险程度与中性点是否接地、电压高低、绝缘情况及每相对地电容的大小有关。

2. 两相触电

两相触电是人体的两个部位同时触及两个不同相序带电体的触电事故。不管中性点是否接地，施加于人体的是 380V 的线电压，这是最危险的触电方式，但一般发生的机会较少。

3. 跨步电压触电

当电网的一相导线折断碰地，或电气设备绝缘损坏，或接地装置有雷电流通过，就有电流流入大地，在高压接地点电位最高，如人的双脚分开站立或走动，由于两脚之间电位不同，双腿间就有电流通过，仅持续 2s 时间，也会遭受较严重的电击。

二、安全用电措施

1. 电流对人体的伤害

电击伤对人体的伤害程度与电流的种类、大小、途径、接触部位、持续时间及健康状态等有关。电流通过人体后，能使肌肉收缩，造成机械性损伤，特别是电流流经心脏，对心脏损害极为严重。极小的电流可引起心室纤维性颤动，导致死亡。

通过人体的电流越大，接触的电压越高，对人体的损伤就越大。一般认为 36V 以下的电压作为安全电压，但在特别潮湿的环境中也有生命危险，要用 12V 安全电压。我国规定安全电流为 30mA，这是触电时间不超过 1s 的电流值。

交流电对人体的损害比直流大，不同频率的交流电对人体的损害也不同。人接触直流电时，其强度达 250mA 时也不引起特殊的损伤，而接触 50Hz 交流电时只要有 50mA 的电流通过人体，如持续 10s，可导致死亡。

电流通过人体的途径不同，对人体的伤亡情况也不同。电流通过头部，会使人立即昏迷；通过脊髓，会使人肢体瘫痪；通过心脏和中枢神经，会引起神经失常、心脏停跳、呼吸停止、全身血液循环中断，造成死亡。因此电流从头到身体的任何部位及从左手经前胸到脚的途径是最危险的，其次是一侧手到另一侧脚的途径，再次是同侧的手到脚的电流途径，然后是手到手的电流途径，最后是脚到脚的电流途径。

通过人体的电流取决于作用到人体的电压和电阻值，一般在干燥环境中，人体电阻大约 $2k\Omega$，皮肤出汗或有伤口时人体电阻会减少，人的精神状态不好电阻也会降低。皮肤与带电体接触面积越大，人体电阻越小，流经人体的电流越大，触电者就越危险。

2. 安全用电的因素

（1）电气绝缘　保持配电线路和电气设备的绝缘良好，是保证人身安全和电气设备正常运行的最基本要求。

（2）安全距离　安全距离指人体、物体等接近带电体而不发生危险的安全可靠距离。

（3）安全截流量　如超过安全截流量，导体将过度发热，导致绝缘破坏、短路，甚至发生火灾。

（4）标志　设置明显、正确和统一的标志是保证用电安全的重要因素。如不同颜色的导线用于表示不同相序、不同用途的导线等。

3. 安全用电措施

（1）安全电压。一般情况下，36V 电压对人体是安全的。可根据情况使用 36V、24V 或 12V 的安全电压。

（2）保护用具。应合理使用保护绝缘用具，如绝缘棒、绝缘钳、高压试电笔、绝缘手套和绝缘鞋等。

（3）为防止接触带电部件，可采取电气绝缘措施、保证安全距离等。

（4）防止电气设备漏电伤人。为防止电气设备漏电伤人，可采取保护接地和保护接零的措施。

（5）漏电保护装置。当发生漏电或触电事故后，可立即发出报警信号并迅速切断电源，确保人身安全。

（6）不要在电力线路附近安装天线、放风筝；发现电气设备起火应迅速切断电源；在带电状态下，决不能用水或泡沫灭火器灭火；雷雨天气不要在大树下躲雨、打手机等。

（7）触电急救措施包括自救、使触电者脱离电源及医务抢救等。

任务七　某住宅防雷接地工程图识读

建筑物的防雷接地工程图一般包括防雷和接地工程图两部分。图 5-17、图 5-18 为首层基础接地平面图、屋面防雷平面图。

一、避雷带及引下线的敷设

避雷带利用 $\phi12mm$ 镀锌圆钢沿女儿墙与屋面四周支设，支高 0.15m，间距 1m。屋顶部分安装在混凝土块上。

防雷引下线，利用结构柱内两根 $\phi16mm$ 的主筋连续焊接，上与避雷带、下与接地装置紧密焊接，共 3 处。距地 0.5m 处预埋测试板。

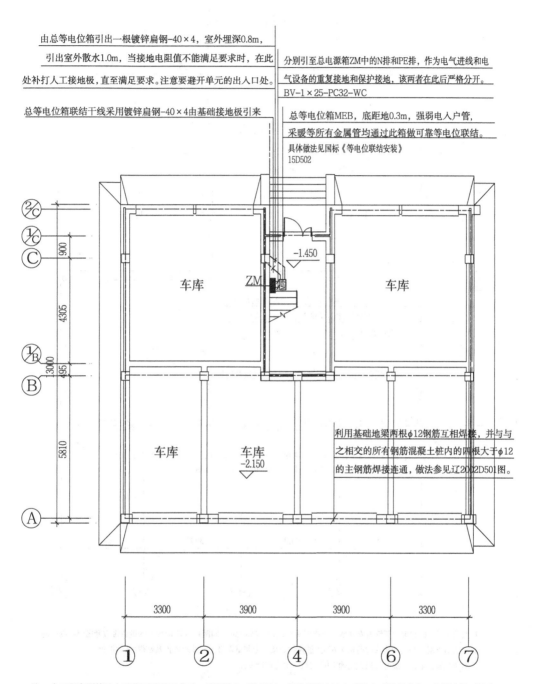

由总等电位箱引出一根镀锌扁钢-40×4,室外埋深0.8m,
引出室外散水1.0m,当接地电阻值不能满足要求时,在此
处补打人工接地极,直至满足要求。注意要避开单元的出入口处。

总等电位箱联结干线采用镀锌扁钢-40×4由基础接地极引来

分别引至总电源箱ZM中的N排和PE排,作为电气进线和电
气设备的重复接地和保护接地,该两者在此后严格分开。
BV-1×25-PC32-WC

总等电位箱MEB,底距地0.3m,强弱电入户管,
采暖等所有金属管均通过此箱做可靠等电位联结。
具体做法见国标《等电位联结安装》
15D502

利用基础地梁两根ϕ12钢筋互相焊接,并与与
之相交的所有钢筋混凝土桩内的四根大于ϕ12
的主钢筋焊接连通,做法参见辽2002D501图。

注:本工程实测接地电阻值不满足要求时,需增设人工接地极,具体增设办法由现场实时情况确定,本设计暂不给出。

图 5-17 首层基础接地及等电位接地平面图 (1:100)

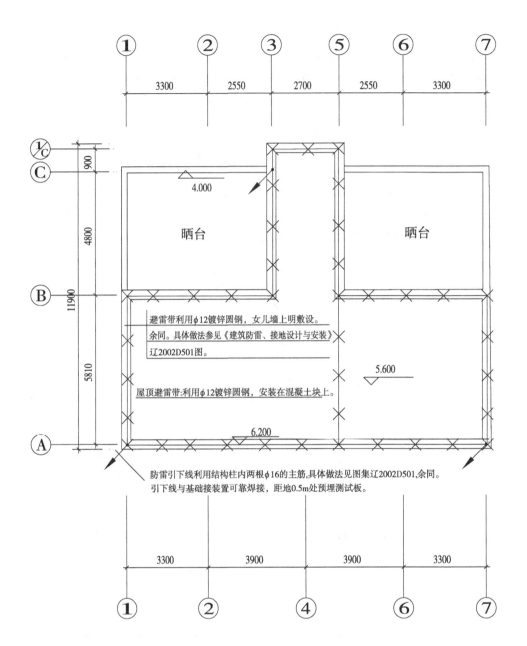

图 5-18 屋面防雷平面图 (1∶100)

1. 避雷带,利用φ12镀锌圆钢沿女儿墙与屋面四周支设,支高0.15m,间距1m(不同标高的避雷带应紧密焊接在一起)。

2. 防雷引下线,利用结构柱内两根φ16的主筋连续焊接,上与避雷带下与接地装置紧密焊接,共3处。

3. 本建筑属住宅楼为一般性民用建筑物,按第三类防雷建筑物设计。

二、接地装置安装

利用基础地梁两根 φ12mm 钢筋互相焊接,并与与之相交的所有钢筋混凝土桩内的四根大于 φ12mm 的主钢筋焊接连通。

三、总等电位箱 MEB

总等电位箱设于首层，底距地 0.3m，强弱电入户管，采暖等所有金属管均通过此箱做可靠等电位联结。总等电位箱连接干线，采用镀锌扁钢－40mm×4mm 由基础接地极引来。引出一根镀锌扁钢－40mm×4mm（室外埋深 0.8m），至室外散水 1.0m 处，当接地电阻不能满足要求时，在此处补打人工接地极。

四、卫生间局部等电位联结箱 LEB

卫生间局部等电位联结箱设于卫生间，墙内暗设，底距地 0.5m，将卫生间内所有金属管道、金属构件、建筑物金属结构连接，并通过铜芯绝缘导线 BV-1×6-PC16 与浴室内插座的 PE 线相连。

五、重复接地

将总电源箱 ZM 中性线 PEN 进行重复接地，用 BV-1×25-PC32-WC 接至总等电位箱 MEB，同时分出一根保护线 PE，从总等电位箱 MEB 接至总电源箱 ZM，作为电气进线和电气设备的重复接地和保护接地，该二者在此后严格分开。

六、防雷接地计算

1. 避雷带 φ12mm 镀锌圆钢

（1）沿女儿墙明敷　（14.4＋5.81）×2＋（4.8＋0.9）×2＋（6.2－5.6）×2＝53.02（m）。

（2）混凝土明敷　5.81m（即两轴线间距离）。

（3）防雷引下线　共计 3 处。[6.2（檐口标高）＋2.3（室外地坪标高）]×3＝25.5（m）

（4）断接卡子制作安装　测试板，3 套。

2. 接地装置

（14.4＋13）×2＋14.4＋（13－5.81）＋0.9×2＝78.19（m）

3. 总等电位箱 MEB（1 台）

（1）连接干线镀锌扁钢—40×4　0.3（MEB 箱距地高度）＋（2.3－1.45）（基础高度）＋1（水平长度，从 C/3 轴的柱子引过来）＝2.15（m）。

（2）引出的室内母线镀锌扁钢—40×4　0.3（MEB 箱距地高度）＋（2.3－1.45＋0.8）（埋深）＋3.3（水平长度，止于外墙皮处）＝5.25（m）。

（3）引出的室外母线镀锌扁钢—40×4　1.2（散水宽度）＋1（引出散水长度）＝2.2（m）。

4. 卫生间局部等电位联结箱 LEB（4 台）

（1）保护管 PC16　[0.5（水平长度）＋（1.8）（插座距地高度）－0.5（LEB 箱底距地高度）－0.075（LEB 箱高度）]×4＝6.9（m）。

（2）接地线 BV-6　6.9m。

5. 重复接地

（1）保护管 PC32　[0.5（水平长度）＋（1.5）（ZM 箱下沿距地高度）－0.3（MEB 箱距地高度）－0.2（MEB 箱高度）]×2＝2（m）。

（2）接地线 BV-6　2m。

项目六 建筑弱电系统与智能建筑

建筑弱电系统主要包括以下内容：火灾自动报警与消防联动控制系统、通信系统、电视监控系统及综合布线系统等。智能建筑是计算机技术、通信技术、控制技术与建筑技术密切结合的产物。智能建筑的重点是利用先进的技术对楼宇进行控制、通信和管理，强调实现建筑物的自动化、通信系统的自动化和办公业务的自动化。

任务一 火灾自动报警与消防联动系统

火灾自动报警与消防联动是现代消防工程的主要内容，其功能是自动监测区域内火灾发生时的热、光和烟雾，从而发出声光报警并联动其他设备的输出接点，控制自动灭火系统、紧急广播、事故照明、电梯、消防给水和排烟系统等，实现监测、报警和灭火的自动化。

一、火灾自动报警分级与探测器种类

1. 建筑物防火等级的分类

各类民用建筑的保护等级，应根据建筑物防火等级的分类，分为特级、一级、二级。

2. 火灾探测器

火灾探测器，当发生火灾时，自动探测火灾信号，同时发送给火灾报警控制器，启动自动喷水灭火系统，实施灭火。

火灾探测器是按照火场的特点制作的，分成感温型、感烟型和感光型火灾探测器。火灾探测器一般设于顶棚上，其外形如图 6-1 所示。

（1）感温式火灾探测器。发生火灾时物质的燃烧产生大量的热量，使周围温度发生变化。探测器的感温元件的电阻阻值随周围气温的急剧变化而变化，变化到预定值或单位时间内气温升到某预定值时，探测器发生响应，将信号传送至自动报警控制装置，使报警装置发出声、光报警信号。

（2）感烟式火灾探测器。探测器火灾初期，物质处于阴燃阶段，产生大量烟雾，成为早期火灾的重要特征。感烟式探测器将探测部位烟雾浓度的变化转换为电信号，从而实现报警。最常用的有离子感烟式和光电感烟式。光电感烟火灾探测器灵敏度很高，适用于火灾较大的场所，如有易燃物的车间、电缆间、计算机机房等。

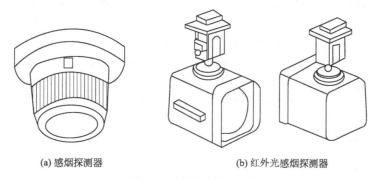

(a) 感烟探测器   (b) 红外光感烟探测器

图 6-1 火灾探测器外形

（3）感光式火灾探测器。探测器发生火灾时，在产生烟雾和放出热量的同时，也产生可见或不可见的光辐射。感光式火灾探测器又称火焰探测器，探测火灾的光特性，即火焰燃烧的光照强度和火焰的闪烁频率，然后将其转化为电信号，进行报警。感光式火灾探测器适宜安装在可能会瞬间产生爆炸或燃烧的场所，如石油、炸药等化工制造品的生产及存放场所等。

二、探测报警区域的划分

1. 防火和防烟分区

（1）高层建筑内应采用防火墙、防火卷帘等划分防火分区，每个防火区允许最大建筑面积不应超过表 6-1 的规定。

表 6-1 每个防火分区的允许最大建筑面积

建筑类别	每个防火分区建筑面积/m²
一类建筑	1000
二类建筑	1500
地下室	500

注：1. 设有自动灭火系统的防火分区，其允许最大建筑面积可按本表增加 1 倍；当局部设置自动灭火系统时，增加面积可按该局部面积的 1 倍计算。

2. 一类建筑的电信楼，其防火分区允许最大建筑面积可按本表增加 50%。

（2）设置排烟设施的走道，净高不超过 6.00m 的房间，应采用挡烟垂壁、隔墙或从顶棚下突出不小于 0.50m 的梁划分防烟分区。

（3）每个防烟分区的建筑面积不宜超过 500m²，且防烟分区不应跨越防火分区。

2. 报警区域划分

报警区域是指将火灾报警系统所监视的范围按防火分区或楼层布局划分的单元。一个报警区域一般是由一个或相邻几个防火分区组成的。对于高层建筑来说，一个报警监视区域一般不宜超过一个楼层。视具体情况和建筑物的特点，可按防火分区或按楼层划分报警区域。一般保护对象的主楼以楼层划分比较合理，而裙房一般按防火分区划分为宜。有时将独立于主楼的建筑物单元单独划分报警区域。

对于总线制或智能型报警控制系统，一个报警区域一般可设置一台区域显示器。

3. 探测区域划分

探测区域是指将报警区域按部位划分的单元。一个报警区域通常面积比较大，为了快速、准确、可靠地探测出被探测范围的哪个部位发生火灾，有必要将被探测范围划分成若干区域，这就是探测区域。探测区域亦是火灾探测器探测部位编号的基本单元。探测区域可以是由一个或多个探测器组成的保护区域。

通常探测区域是按独立房（套）间划分的，一个探测区域的面积不宜超过 $500m^2$。

合理、正确地划分报警区和探测区域，常能在火灾发生时，有效可靠发挥防火系统报警装置的作用，在着火初期快速发现火情部位，及早采取消防灭火措施。

三、火灾自动报警系统

根据建筑物的规模和防火要求，火灾自动报警系统通常由火灾探测器、区域报警控制器、集中报警控制器以及联动与控制装置等组成。

火灾报警控制器能给火灾探测器供电，并接收、显示和传递火灾报警等信号，对自动消防等装置发出控制信号。主要包括电源和主机两部分。

1. 区域报警控制器

（1）主要功能

① 火灾自动报警功能。当区域报警器收到火灾探测器送来的火灾报警信号后，由原监控状态立即转为报警状态。发出报警信号，总火警红灯闪亮并记忆，发出变调火警音响，房号灯亮指出火情部位，电子钟停走指出首次火警时间，向集中报警器送出火警信号。

② 断线故障自动报警功能。

③ 自检功能。

④ 火警优先功能。当断线故障报警之后又发生火警信号或二者同时发生时，区域报警器能自动转换成火灾报警状态。

⑤ 联动控制。外控触点可自动或手动与其他外控设备联动。

⑥ 其他监控功能。

（2）组成　由区域火灾报警控制器和火灾探测器等构成，如图6-2所示。

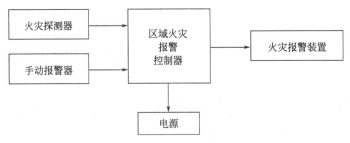

图 6-2　区域报警系统的组成

2. 集中报警控制器

其功能大致和区域报警器相同，差别是多增加了一个巡回检测电路，巡回检测电路将若干个区域报警器连接起来，组成一个系统。巡检各区域报警器有无火灾信号或故障信号及时指示火灾或故障发生的区域或部位，并发出声光报警信号。

（1）集中报警系统由集中火灾报警控制器、区域火灾报警控制器和火灾探测器等组成，如图6-3所示。

（2）火灾报警控制器安装。区域报警控制器和集中报警控制器分为台式、壁挂式和落地式3种。

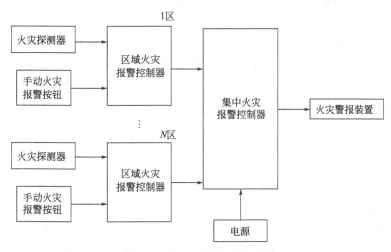

图 6-3　集中报警系统的组成

四、消防联动控制系统

消防联动控制系统是指在火灾自动报警系统中,当接收到来自触发器件的火灾报警信号时,能够自动或手动启动各种消防设备并显示其状态的设备,从而达到报警及扑灭火灾的目的。

1. 消防联动控制系统的组成

消防联动控制系统主要有:灭火系统控制(消火栓灭火控制、干式或湿式自动喷水灭火系统);自动气体灭火控制;排烟、正压送风系统控制;防火门、防火卷帘(两次动作)控制;火灾应急照明及疏散照明指示控制;消防通信设备控制;广播、警铃控制等。

(1)消火栓灭火系统控制

① 控制要求。消火栓按钮控制回路应采用 50V 以下的安全电压。当消火栓设有消火栓按钮时,应能向消防控制(值班)室发送消火栓工作信号和启动消防水泵。

② 功能。控制消防水泵的启、停;显示消防水泵的工作、故障状态;显示启动消防按钮的启动位置;当有困难时,可按防火分区或楼层显示。

(2)自动气体灭火系统控制　自动气体灭火系统控制中的气体主要由卤代烷、二氧化碳等气体组成。

① 控制要求。在其场所或部位应设感烟、感温探测器与灭火控制装置配套组成的火灾报警控制系统;有管网灭火系统应有自动控制、手动控制和机械应急操作三种启动方式,无管网灭火装置应有自动控制、手动控制两种启动方式;自动控制在接到两个独立的火灾信号后才能启动;机械应急操作装置应设在贮瓶间或防护间或防护区外便于操作的地方,并能在一个地点完成释放灭火剂的全部动作;应在被保护对象的主要出入门外门框上方设放气灯,并应有明显标志;被保护对象内应设有在释放气体前 30s 内让人员散流的声报警器。

② 功能。控制系统的紧急启动和切断;由火灾探测器联动的控制设备应具有 30s 的可调延时功能;显示系统的手动、自动状态;在报警、喷射各阶段,控制室应有相应的声、光报警信号,并能手动切除声响信号;在延时阶段,应能自动关闭防火门、窗,停止通风,停止空气调节系统。

气体灭火控制室对泡沫和干粉灭火系统的控制、显示功能：在灭火危险性较大时，且经常没有人停留场所内的灭火系统采用自动控制的启动方式。为提高灭火的可靠性，在采用自动控制方式的同时还应设置手动启动控制环节。在灭火危险较小，有人值班或经常有人停留的场所，其防护区内宜设火灾自动报警装置，灭火系统可以采用手动控制的启动方式。

（3）排烟、正压送风系统控制 防烟排烟控制方式对各系统各有不同。一般加压送风排烟的控制过程是：当火灾发生时，火灾探测器将探测到的火警信号发给报警控制器，由报警控制器向防排烟控制器发出指令，防排烟控制器输出相应的控制脉冲，通过防排烟控制总线开启或关闭相应的排烟口和送风口，与此同时，启动排烟机、送风机。当经过送风口、排烟口的气流达到 280℃时，安装在送风口、排风口的熔断器熔断，关闭送风口、排风口。将关闭信号送至报警控制器，报警控制器再发出相应的指令到防排烟控制器，关闭相应的排烟机、送风机。如果有空调设备时，空调送风管道内的气流温度达到 70℃时，防火熔断器动作，关闭防火阀。该关闭信号送至报警控制器，报警控制器发出相应指令到防排烟控制器，关闭空调机。

（4）防火卷帘 防火卷帘是一种防火分隔物，防火卷帘帘面通过传动装置和控制系统控制卷帘的升降。起到防火、隔火作用，广泛应用于工业与民用建筑的防火隔离区，能有效地阻止火势蔓延，保障生命财产安全，是现代建筑物中不可缺少的防火设施。防火卷帘是现代化建筑防火必备设施，已列入国家建筑及其他建筑设计防火规范。

防火卷帘一般用钢板等金属板材制作，以扣环或铰接的方法组成，平时卷起至门窗上口的转轴箱中，起火时将其放下展开，用以阻止火势从门窗洞口蔓延。一般对电动势防火卷帘的控制要求如下：

① 在电动防火卷帘两侧设感烟、感温两种探测器，声光报警信号及手动控制按钮（应设有防误操作措施）。

② 电动防火卷帘采取两次控制下落方式，第一次由感烟探测器控制下落距地 1.5m（或 1.2m）处停止，用以阻止烟雾扩散至另一防火区域；第二次由感温探测器控制，继续下落到底，以阻止火势蔓延，并应分别将报警及动作信号送到消防控制室。

防火卷帘按帘板形式分为普通型和复合型。普通型有防火、防烟、防风、防雨、防盗等多种功能。复合型功能与普通型相同，但复合型不需加水幕保护，这对于干旱缺水及忌水厂所尤其适用。

2. 消防联动控制系统的方式

消防联动控制系统的方式有总线-多线联动方式、全总线联动方式和混合总线联动方式等，其方式由火灾报警控制器确定。

（1）总线-多线联动系统 该系统从消防控制中心到各联动设备点的纵向连接总线为 10 根左右，系统中并不减少横向连线。该系统适用于建筑面积适中、楼层偏高的场所。联动控制模块为多路输入、多路输出控制，各层设置一个控制模板。在输入输出点偏少的情况下，可增加模块集中放在同一地方，也可划分控制分区各设置一个控制模板。

（2）全总线联动系统 该系统中各联动设备均配置控制模块（控制或反馈），从控制模块到消防控制中心，采用总线制通信方式，一般是三根以上的通信线。其特点是系统的管线简单，但所需设备造价较高。

在实际应用中，往往兼顾各方面的要求，采用复合控制模式，即多线制、总线-多线制、全总线制复合控制模式。对重要设备（如泵类等）仍采用多线制。有些面积不大或设备相对集中的场所采用多路输出控制模块，分散的联动设备则采用全总线联动的模式。如有些联动设备需系统提供电源（如某些阀门等），则应考虑联动系统的输出方式与负荷能力，有时需设专用的控制电源。

（3）混合总线联动系统　总线设备一般分为火灾探测器、报警与反馈模块、控制模板和控制兼反馈模块。混合总线模式减少了总线的数量，但总线功能不分明，系统调试维护困难，大多数情况下，联动模块还需要增加联动电源，实际形成报警二总线、联动四总线的模式。

五、线路敷设

① 消防用电设备必须采用单独回路，电源直接取自配电室的母线，当切断工作电源时，消防电源不受影响，保证扑救工作的正常进行。

② 火灾自动报警系统的传输线路，耐压不低于交流 250V。导线采用铜芯绝缘导线或电缆，而并不规定选用耐热导线或耐火导线。

③ 重要消防设备（如消防水泵、消防电梯，防烟排烟风机等）的供电回路，有条件时可采用耐火型电缆或采用其他防火措施以达防火配线要求。二类高低层建筑内的消防用电设备，宜采用阻燃性电线和电缆。

④ 火灾自动报警系统传输线路其芯线截面积选择，除满足自动报警装置技术条件要求外，还应满足机械强度的要求，导线的最小截面积不应小于线芯最小截面积规定。

⑤ 火灾自动报警系统传输系统传输线路采用屏蔽电缆时，应采取穿金属管或封闭线槽保护方式布线。

⑥ 横向敷设的报警系统传输线路如采用穿管布线时，不同防火区的线路不宜穿入同一根管内，如探测器报警线路采用总线制时可不受此限。

在建筑物各楼层内布线时，由于线路种类和数量较多，并且布线长度在施工时也受限制，若太长，施工及维修都不便，特别是给维护线路故障带来困难。为此，在各楼层宜分别设置火警专用配线箱或接线箱。箱体宜采用红色，箱内采用端子板汇接各种导线，并应按不同用途、不同电压分别设置不同端子板。并将交、直流电压的中间继电器、端子板加保护罩进行隔离，以保证人身安全和设备完好，这对提高火警线路的可靠性等方面都是必要的。

任务二　电话通信系统

电话通信系统是各类建筑物必须设置的系统，它为智能建筑内部各类办公人员提供"快捷便利"的通信服务。

一、电话通信系统

电话通信系统构成；有三个组成部分，即电话交换设备、传输系统和用户终端设备。

建筑物电话系统随电话门数及分配方案的不同，一般由交接间（交接箱）、电缆管路、壁龛、分线箱（盒）、用户线管路、过路箱（盒）和电话出线盒等组成。图 6-4 为住宅内电话系统示意图。

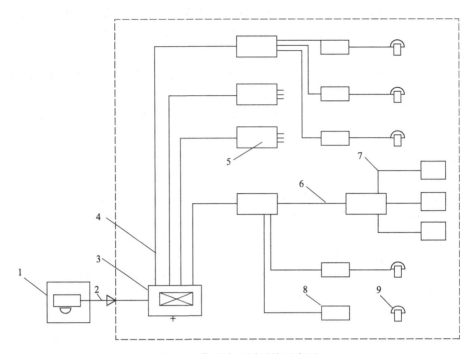

图 6-4　住宅内电话系统示意图

1—电话局；2—地下通信管道；3—电话交接间；4—竖向电缆管路；

5—分线箱；6—横向电缆管路；7—用户线管路；8—出线盒；9—电话机

二、电话室内交接箱、分线箱、分线盒的安装

1. 交接箱安装

对于不设电话站的用户单位，其内部的通信线缆用一个接线箱直接与市话网电缆连接，并通过箱子内部的端子分配给单位内部分线箱（盒），该箱称为"交接箱"。交接箱主要由接线模块、箱架结构和接线组成。交接箱设置在用户线路中主干电缆和配线电缆的接口处，主干电缆线对可在交接箱内与任意的配线电缆线对连接。

交接箱按容量（进、出接线端子的总对数）可分为 150、300、600、900、1200、1800、2400、3000、6000 对等规格。交接箱内的接头排一般采用端子或针式螺钉压接结构形式，且箱体具有防尘、防水、防腐及闭锁装置。

2. 分线箱、分线盒安装

室内电话线路在分配到各楼层、各房间时，需采用分线箱，以便电缆在楼层垂直管路及楼层水平管路中分支、接续、安装分线端子板用。分线箱有时也称为接头箱、端子箱或过路箱，暗装时又称为壁龛。壁龛如图6-5所示。

分线箱和分线盒的区别在于前者带有保护装置

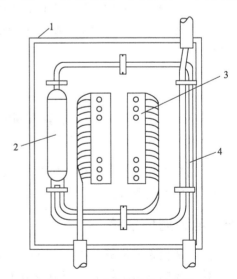

图 6-5　壁龛内部结构示意图

1—箱体；2—电缆接头；3—端子板；4—电缆

而后者没有，因此分线箱主要用于用户引入线为明线的情况，保护装置的作用是防止雷电或其他高压电磁脉冲从明线进入电缆。分线盒主要用于引入线为小对数电缆等不大可能有强电流流入电缆的情况。过路箱一般作暗配线时电缆管线的转接或接续用，箱内不应有其他管线穿过。过路盒应设置在建筑物内的公共部分，宜为底边距地 0.3～0.4m，住户过路盒安装设置在门后。

3. 电话线路配管

电话线路配管方法与室内电气照明系统中叙述的内容相同。

4. 户内布放电话线

户内电话线主要采用 RVS 双绞线布放，双绞线由两根 22～26 号的绝缘线芯按一定密度（绞距）的螺旋结构相互绞绕组成，每根绝缘芯线由各种颜色塑料绝缘层的多芯或单芯金属导线（通常为铜导线）构成。将两根绝缘的金属导线按一定密度相互绞绕在一起，每一根导线在传输过程中辐射的电波会被另一根导线在传输过程中辐射的电波抵消，可降低信号的相互干扰程度。

将一对或多对双绞线安置在一个封套内，便形成了屏蔽双绞线电缆。由于屏蔽双绞线电缆外加金属屏蔽层，其消除外界干扰的能力更强。通信电缆常用的型号见表 6-2，其中常用的有 HYV-10×2×0.5、HPVV-20×2×0.5 等。

表 6-2　通信电缆型号含义

类别、用途	导　体	绝缘层	内护层	特　征	外护层	派　生
H—市内话缆；HB—通信线；HD—铁道电气化电缆；HE—长途通信电缆；HJ—局用电缆；HO—同轴电缆；HR—电话软线；HP—配线电缆	G—铁芯线；L—铝芯线；T—铜芯线	F—复合物；SB—纤维；V—聚氯乙烯塑料；X—橡皮；Y—聚乙烯；YF—泡沫聚乙烯	B—棉纱编制；F—复合物；H—橡套；HF—非燃型橡套；L—铝包；LW—皱纹铝管；Q—铅包；V—塑料；VV—双层塑料；Z—纸（省略）	C—自乘式；D—带形；E—话务员耳机用；G—工业用；J—交换机用；R—柔软；S—水下；T—弹簧型；Z—综合型	0—相应的裸外护层；1—一级防腐，麻被防护；2—二级防腐，钢带铠装麻被；3—单层细钢丝铠装麻被；4—双层细钢丝铠装麻被；5—单层粗钢丝铠装麻被；6—双层粗钢丝铠装麻被	1—第一种；2—第二种

户内布放电话线根据敷设方式以及线对数不同，在线槽、桥架、支架、活动地板内明布放电话线。

5. 电话机出线盒安装

住宅楼电话出线盒宜暗装，电话出线盒应是专用出线盒或插座，不得用其他插座替代。如果在顶棚安装，其安装高度应为上边距顶棚 0.3m，如在室内安装，出线盒为距地 0.2～0.3m，如采用地板式电话出线盒时，宜设置在人行通路以外的隐蔽处，其盒口应与地面平齐。

电话机一般是由用户将电话机直接连接在电话出线盒上。

任务三　电视监控系统

电视监控系统：主要由摄像、传输、控制、图像处理和显示等部分组成，图 6-6 为电视监控系统的组成。系统常用设备由摄像机、信号传输设备、视频切换设备、监视器、硬盘录像机、网络服务器和平台软件等组成。

图 6-6　电视监控系统的组成

一、摄像部分

系统设置黑白及彩色 CCD（电荷耦合器件）摄像机，对车库、底层各出入口、大堂、客房层过道、电梯轿厢等处监视，摄像机根据监视目标及环境特点，采用彩色、黑白合理配置，一般首层各出入口、大堂、走道等处采用彩色摄像机，其余可为黑白摄像机。常用的有模拟球式摄像机、模拟红外枪机、模拟红外半球摄像机等。

摄像机安装见图 6-7。室内宜距地 2.5～5m；室外应距地面 3.5～10m。在有吊顶的室内，解码箱可安装在吊顶内，但要在吊顶上预留检修口。从摄像机引出的电缆宜留有 1m 余量，并不得影响摄像机的转动。室外摄像机支架可用膨胀螺栓固定在墙上。

二、云台

云台是安装、固定摄像机的支撑设备，它与摄像机配合使用能扩大监视范围，提高摄像机的使用价值。云台的种类很多，有室外型和室内型；有手动固定式和遥控电动式。电动式云台又可分平摆式电动云台和全方位电动云台。

平摆式电动云台用电动机驱动。具有水平方向旋转能力的遥控电动云台，它能使安装在云台支架上的摄像机在预定的角度范围内进行录像或跟踪，水平方向的旋转角度可以通过机械限位预先设定，云台的垂直方向靠手工固定，在摄像机系统调试时按实际需要来调节固定。

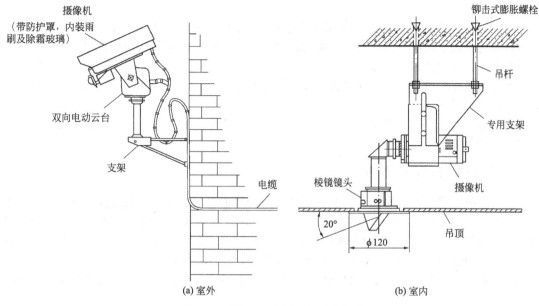

图 6-7　带电动云台摄像机壁装方法

三、传输系统

传输系统的主要任务是将前端图像信息不失真地传送到终端设备，并将控制中心的各种指令送到前端设备。目前大多采用有线传输方式，系统采用 SYV-75-3 同轴电缆传输视频信号，RVV 双绞电缆传输控制信号，视频、控制及电源线均采用线槽及管道敷设方式，且电源线宜与视频、控制线缆分管敷设。

四、控制部分

控制部分是实现整个系统的指挥中心。控制部分主要由总控制台组成，其主要功能为：视频信号的放大与分配；图像信号的处理与补偿；图像信号的切换；图像信号（或包括声音信号）的记录；摄像机及辅助部件（如镜头、云台、防护罩等）的控制。常用的控制设备有视频矩阵切换器。

五、显示与记录部分

显示部分一般由多台监视器（或带视频输入的普通电视机）组成。它的功能是将传输过来的图像显示出来，通常使用的是黑白或彩色专用监视器，一般要求黑白监视器的水平清晰度应大于 600 线，彩色监视器的水平清晰度应大于 350 线。用多画面分割器可以将多台摄像机送来的图像信号同时显示在一台监视器上。

总控制台上设有录像机，可以随时把发生情况的被监视场所的图像记录下来，以便备查或作为取证的重要依据。目前已广泛采用数码光盘记录、计算机硬盘录像等技术。

六、系统功能

微机控制器能进行编程，对整个系统中的活动监控点的云台及可变镜头实现各种动作的控制。并对所有的视频信号在指定的监视器上进行固定或时序的切换显示，视频图像上叠加摄像机序号地址时间等字符，电梯轿厢图像上叠加楼层显示。系统使用多画面处理器可在一台录像机上记录多达 16 路视频信号，并可根据需要进行全屏及 16、9、4 画面回放。

系统配置报警输入、输出响应器以实现与防盗报警系统的联动，矩阵切换器编程后能对报警触点信号做出相应响应，自动把报警信号相应摄像机图像信号切换到指定监视器上，同时录像机长时间对之进行录像。

各种操作程序设定具有存储功能，当电源中断或关机时，所有编程设置、摄像机序号、时间地点均可保存。

系统的运行控制和功能操作均在控制台上进行，操作方便、简单、灵活、可靠，并可根据需要另设分控。

七、监控机房布置及要求

监控室统一供给摄像机监视器及其他设备所需要的电源，并由监控室操作通断。监控室内应配有内外监控联络设备（如直线电话一部），并提供不间断的稳定电源，监控室宜设置于底层，面积不小于 12m²。设备机架安装应竖直平稳。机架侧面与墙、背面与墙距离不小于 0.8m，以便于检修。设备安装于机架内应牢固、端正。电缆从机架、操作台底部引入，将电缆顺着所盘方向理直，引入机架时成捆绑扎。在敷设的电缆两端留有适度余量，并标有标记。

监控室温度控制范围：16~28℃，湿度控制范围：30%~50%。

八、供电与接地

监视电视系统应由可靠的交流电源回路单独供电，配电设备应设有明显标志。供电电源采用 AC 220V、50Hz 的单相交流电源。

整个系统宜采用一点接地方式，接地母线应采用铜质线，接地电阻不得大于 4Ω。当系统采用综合接地时其接地电阻不得大于 1Ω。

九、系统的管线敷设

管线的敷设要避开强电磁场干扰，从每台摄像机附近吊顶排管经弱电线槽到弱井，再引到电视监控机房地槽。电源线与信号线、控制线分开敷设，尽可能避免视频电缆的续接。当电缆续接时应采用专用接插件，并作好防潮处理。电缆的弯曲半径宜大于电缆直径的 1.05 倍。

任务四　综合布线系统

综合布线系统是建筑物内以及建筑群之间的信息传输网络。它能使建筑物内以及建筑群之间的语音设备、数据通信设备、信息交换设备、建筑物物业管理设备和建筑物自动化管理设备等与各自系统之间相连，也能使建筑物内的信息传输设备与外部的信息传输网络相连。

一、计算机网络系统组成

计算机网络系统综合布线系统图如图 6-8 所示，其图形符号见表 6-3。

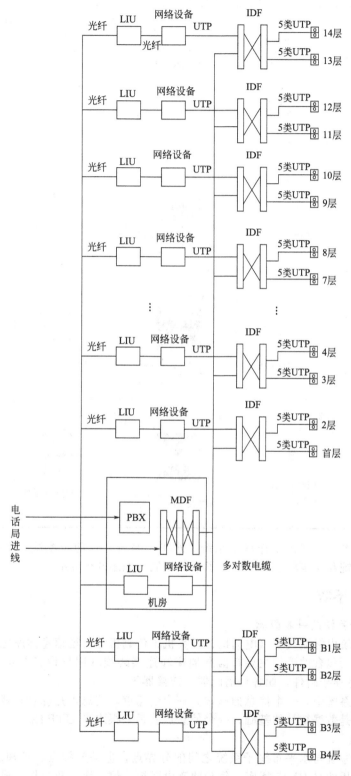

图 6-8　综合布线系统示意图

表 6-3　计算机网络系统图形符号

1. CD 建筑群配线架	5. HUB 集线器或 网络设备	9.　A　　B 架空交接箱　A:编号 　　　　　　B:容量	13. 电信插座一般符号	17. 传真机一般符号
2. BD 主配线架或MDF	6. LIU 光缆配线设备 （配线架）	10.　A　　B 落地交接箱　A:编号 　　　　　　B:容量	14. ● 电话出线盒	18. 计算机
3. FD 楼层配线架 或IDF	7. TO 信息插座	11.　A　　B 壁龛交接箱　A:编号 　　　　　　B:容量	15. 电话机一般符号	
4. PBX 程控交换机	8. ■ 综合布线接口	12.　A　　B 墙挂交接箱　A:编号 　　　　　　B:容量	16. ●●● 按键式电话机	

计算机网络系统一般由工作区子系统、水平子系统、管理子系统、干线（垂直）子系统、设备间子系统和建筑群子系统 6 个子系统组成，如图 6-9 所示。

二、工作区子系统

1. 工作区子系统的基本概念

工作区子系统由终端设备（电话机、计算机、传真机等）至信息插座之间的一个工作区域组成。该系统所包含的硬件主要有信息插座和连接跳线（用户设备与信息插座相连的硬件），也包括一些连接附件，如各种适配器、连接器等。

在综合布线系统中，一个信息插座称为一个信息点，信息点是综合布线系统中一个比较重要的概念，它是数据统计的基础，一个信息点就是一根水平 UTP 线。

2. 信息插座

是工作区子系统与水平布线子系统之间的分界点，也是连接点、管理点，称为 I/O 或通信接线盒，常用的是 RJ-45 插座。每套插座由面板、信息块、防尘板，或者屏蔽罩与底盒组成。国产插座常用 86 系列，其与安装底盒尺寸有关，盒高×宽×深为 $86mm×86mm×40mm$（$50mm$，$60mm$）。插座有 2 孔、3 孔、4 孔和 6 孔。插座根据配管要求，可有暗装和

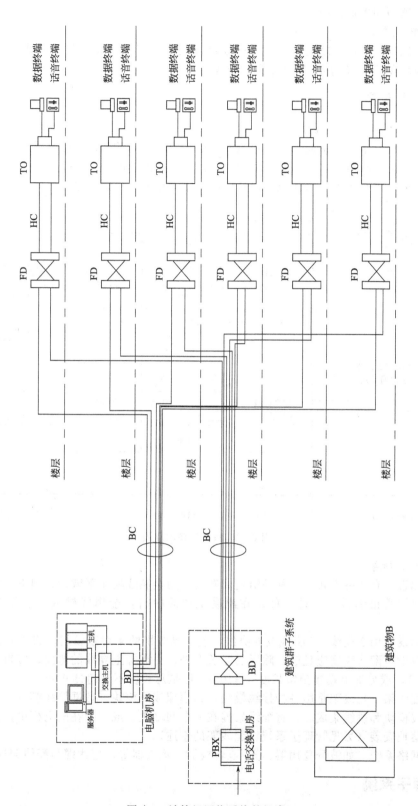

图 6-9　计算机网络系统的组成

明装插装、墙面和地面插座。

3. 工作区线缆

连接插座与终端设备之间的电缆，也称组合跳线，它是在非屏蔽双绞线（UTP）的两端安装上模块化插头（RJ-45 型水晶头）制成的。

三、水平子系统

1. 水平子系统的基本概念

水平子系统位于一个平面上，由建筑物楼层平面范围内的信息传输介质组成，也称为水平配线系统。它的特点是水平布线 UTP 的一端连接在信息插座上，一端集中到一个固定位置的通信间内。水平子系统由建筑物内各层的配电间至各工作区子系统之间的系统之间的配线、配线架、配管等组成，如图 6-10 所示。

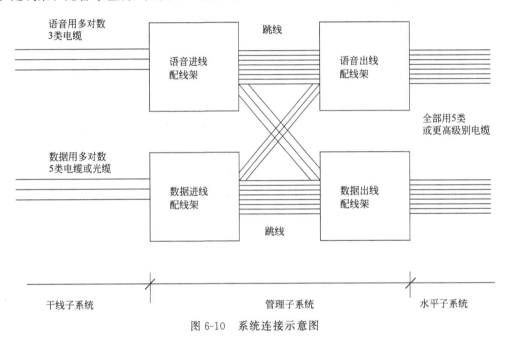

图 6-10 系统连接示意图

2. 配管、配线

（1）配管 有两种方式：一种是沿走廊布线，用金属线槽水平敷设，向下至信息插座布线，用金属线管沿墙敷设；另一种是在混凝土地面中暗敷金属线槽或金属线管，用地插出线。

（2）配线 用 3 类线、5 类线及 6 类线，或更高级别的 4 对双绞线，或光纤缆，穿线槽或穿线管敷设，配线长度应足够，除所需净长度外，另需加上导线的弯曲、转折及备用长度（净长 10%），或另加上端接预留长度 5～10m，但是总长度不宜超过 90m。

（3）配线架 配线架是用各种接线模块，如模拟接线模块、数据接线模块、光纤缆接线模块及跳线模块和跳线集成后，将配线架挂在配电间墙上，或安装在配电柜中，配电柜可挂于墙上或落地安装（另见管理子系统对配线架的叙述）。

（4）网络系统 如波分复用器、光/电转换器、集成器等，用线缆与配线架连接成网络。

四、管理子系统

管理子系统由配线间的配线设备（双绞线配线架、光纤缆配线架）以及输入输出设备等组成。管理子系统安装在配电间中，通常安装在弱电井中。配线架主要有双绞线配线架、光纤缆配线架和混合配线架。双绞线配线架又分快接跳线型和多对数配线型（大对数配线架）。

（1）双绞线配线架 由支架、线排模块、跳线接线端子、跳线、跳线架标识条及线缆理线器等组成，线排模块有 2、4、5 对线型，在支架上卡设 4 排模块时，可接 100 对线。

快接式配线架直接配用 RJ45 标准接口，直接与跳线连接，更加方便，故称快接式配线架。

（2）光纤缆配线架 也称光纤缆配线箱，小规模光纤缆配线时，用光纤配线盘配线。光纤缆配线架上装有光纤缆连接器，连接器有 ST 型、SC 型和 FDDI 型，配线非常方便。光纤缆配线架与配线架、配线架与设备的连接，用单头或 2 头跳线连接。

（3）混合配线架 这种配线架装配有光纤缆 ST 型和 SC 型接口，也配有双绞线（有屏蔽和无屏蔽）及同轴电缆连接模块，所以它同时可配接光纤缆、双绞线和同轴电缆，故称为混合配线架。

上述配线架可安装在墙上、机柜里（配电柜）、吊架中、钢框架上，若配线架卡在钢框架上，可随需要而滑动移位。配线架安装示意图如图 6-11～图 6-13所示。

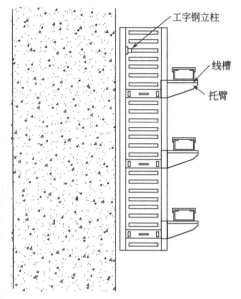

图 6-11 支架安装示意图

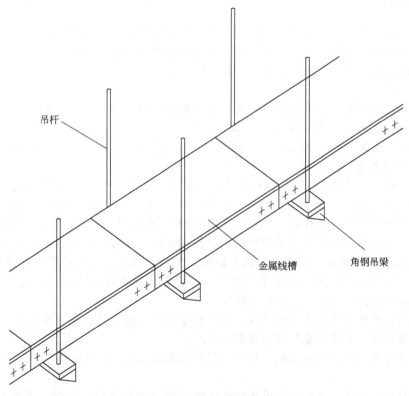

图 6-12 吊架安装示意图

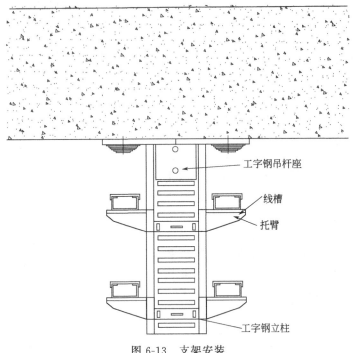

图 6-13　支架安装

五、干线子系统

干线子系统（垂直干线子系统）由设备间子系统的配线设备（配线架等）与管理区子系统之间的连接电缆或光纤缆所组成，它们是建筑物中综合布线主干电缆。

（1）干线用电缆　主要用同轴电缆、双绞电缆和光纤缆。

① 同轴电缆

● 电视用同轴电缆。供闭路电视、共用天线电视（MATV）、有线电视（CATV）或卫星电视等系统使用，我国常用 SYV75-5 同轴电缆。

● 数字通信同轴电缆。用 RG58、RG59 粗缆，RG58F、RG59F 细缆，有计算机时用 RG62/U 数字同轴电缆。

● 泄漏（磁波）同轴电缆。供移动无线通信使用，敷设在楼宇竖井道中或地下线道内。

② 双绞电缆：分为非屏蔽双绞电缆（UTP）和屏蔽双绞电缆（STP），而 UTP 应用最广。非阻燃型电缆应作防火处理。3 类或 5 类双绞电缆常用 25 对、50 对、100 对的线缆。家庭智能化设备和小区物业管理智能化设备也可用普通的屏蔽或非屏蔽双绞线缆。

③ 光纤缆：按材料分为玻璃光纤缆和塑料光纤缆；按制造分为单模光纤缆和多模光纤缆；按外层保护分为 PE 和 LAP 护套光纤缆、钢带铠装和钢丝铠装等光纤缆。常用 LGBC-004A-LPX 型和 LGBC-012A-LPX 型光纤缆。

无论是双绞电缆或光纤缆每段干线长度要有备用及弯曲部分长度（净长 10%），还要考虑适量的端接容量，但每段总长度不宜超过 500m。

（2）干线连接　可点对点端接，也可采用分支递减式端接，或者将电缆分组分楼层直接连接。

（3）干线布线方式　垂直干线可采用开放型通道（弱电竖井）布线，用支架、钢框架、梯架等固定于井道壁上；也可采用封闭型通道布线，即是楼层内设置上下对齐的接线间，形成封闭隔断墙面或楼层平顶水平敷设，如图 6-14 所示。

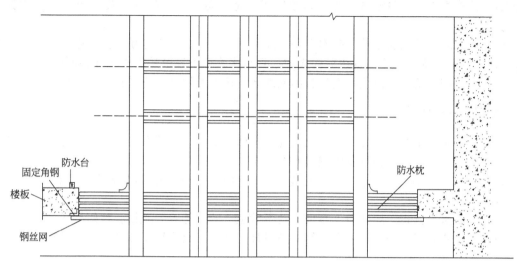

图 6-14　电气竖井防火枕的安装

电线管道、电缆槽、桥架穿过墙面均要作防火处理，其措施为安装防火枕、防火板或者采取其他防火措施，如图 6-15 所示。

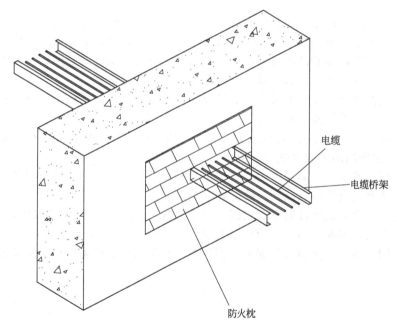

图 6-15　电缆桥架穿墙防火做法

六、设备间子系统

设备间子系统由设备间的线缆、连接跳线架及相关支撑硬件、防雷电保护装置及接地装置等构成。

（1）设备间子系统　设备间是楼宇有源通信设备主要安置场所，也是网络管理人员值班场所，因大量主要设备均安置其间，故也称为设备间子系统。

主要设备有市话进户电缆、程控电话交换主机（PBX）或计算机化小型电话交换机

（CBX）、计算主机。这些设备均需要采取防雷接地、防过压、防过流及防强电干扰等保护措施。

（2）设备间子系统的硬件　基本上是由线缆（光纤缆、双绞电缆、同轴电缆、一般铜芯电缆）、配线架、跳线模块及跳线等构成的，只是比管理子系统的规模大许多而已。

（3）设备间内所有进出线终端设备的配线区　按各类用途不同色彩加以区别。

七、建筑群子系统

建筑群子系统是两个或两个以上建筑物的电话、数据、电视系统，以及与进入楼宇处线缆上设有过流、过压等保护设备组成的布线系统。

（1）配线　仍用光纤缆、双绞电缆、同轴电缆、一般铜芯电缆等，但长度不宜超过 1500m。

（2）线缆敷设方式　用架空、直埋、地下管道、巷道等方式敷设。建筑群子系统常用地下管道敷设方式，但是除应遵循电话管道敷设规定外，应至少留 1 或 2 个人孔备用。

任务五　某工程弱电工程图

建筑弱电系统由于其专业性较强，它的安装、调试和验收一般都由专业施工队伍或厂家专业人员来做，而土建施工部门只需按施工图纸预埋线管、箱、盒等设施，按指定位置预留洞口和预埋件，所以，能够读懂弱电系统施工图，完成弱电系统的前期施工和准备工作，对实现建筑物和小区的整体功能非常重要。识图时应注意以下要领。

（1）按系统图阅读设计施工说明　通过阅读设计施工说明，了解工程概况和要求，同时注意弱电设施和强电设施及建筑结构的关系。

（2）读图顺序　一般按通信电缆的总进线→室内总接线箱（盒）→干线→分接线箱（盒）→支线→室内插座的顺序进行。

（3）熟悉施工要求　预埋箱、盒、管的型号和位置要准确无误，预留洞的尺寸和位置要正确，并注意各种弱电线路和照明线路的相互关系。

书后附的插图为某试验楼弱电工程图，包括火灾自动报警系统设计说明，报警系统图，一层、二层火灾自动报警平面图，弱电系统设计说明，一层弱电平面图，二层弱电平面图，综合布线系统图，弱电的平面图和强电图差不多，只是系统比较多而已。请读者自行按上述要点识读。

附录 建筑电气工程设计常用图形和文字符号

目 录

序号	符号	说明	应用类别	符号来源	
				国家标准文件号	符号标识号
1-046		电容器，一般符号 Capacitor，general symbol	用于功能性文件和位置文件	GB/T 4728.4—2005	S00567
1-047		极性电容器 Capacitor，polarized 例如：电解电容			S00571
1-048		半导体二极管，一般符号 Semiconductor diode，general symbol		GB/T 4728.5—2005	S00641
1-049		发光二极管（LED），一般符号 Light emitting diode（LED），general symbol		GB/T 4728.5—2005	S00642
1-050		单向击穿二极管 Breakdown diode，unidirectional 齐纳二极管，电压调整二极管			S00646
1-051		双向击穿二极管 Breakdown diode，bidirectional	用于功能性文件		S00647
1-052		双向三极闸流晶体管 Bidirectional triode thyristor；Triac 半导体，闸流晶体管，三端双向可控硅开关元件		GB/T 4728.5—2005	S00659
1-053		PNP 晶体管 PNP transistor PNP，半导体，晶体管			S00663
1-054		集电极接管壳的 NPN 晶体管 NPN，半导体，晶体管 NPN transistor with collector connected to the envelope			S00664
1-055		线圈、绕组，一般符号 Coil；Winding general symbol 电感器，扼流圈 若表示带磁芯的电感器可以在该符号上加一条平行线；若磁芯有间隙，这条线可断开画。可改变半圆的数目以适合实际应用	用于功能性文件和位置文件	GB/T 4728.4—2005	S00583
1-056		电机一般符号 Machine，general symbol "★"用下述字母之一代替：G—发电机；GP—永磁发电机；GS—同步发电机；M—电动机；MS—同步电动机；MG—能作为发电机或电动机使用的电机；MGS—同步发电机/电动机		GB/T 4728.6—2008	S00819 十标注

图形符号-导体和连接件	图集号	09DX001

序号	符号	说明	应用类别	符号来源	
				国家标准文件号	符号标识号
1-057	M 3~	三相笼式感应电动机 Induction motor, three-phase, squirrel cage	用于功能性文件		S00836
1-058	M 1~	单相笼式感应电动机 Induction motor, single-phase, squirrel-cage 有绕组分相引出端子			S00837
1-059	M 3~	三相绕线式转子感应电动机 Induction motor, three-phase, with wound rotor			S00838
1-060 1-061	形式一 形式二	双绕组变压器，一般符号 Transformer with two windings, general symbol		GB/T 4728.6—2008	S00841 S00842
1-062 1-063	形式一 形式二	绕组间有屏蔽的双绕组变压器 Transformer with two windings and screen	用于功能性文件（形式一可用于位置文件）		S00852 S00853
1-064 1-065	形式一 形式二	一个绕组上有中间抽头的变压器 Transformer with center tap on one windings			S00854 S00855

图形符号-电机、变压器	图集号	09DX001

序号	符号		说明	应用类别	符号来源	
	形式一	形式二			国家标准文件号	符号标识号
1-066 1-067			星形-三角形连接的三相变压器 Three-phase transformer, connection star-delta	用于功能性文件（形式一可用于位置文件）	GB/T 4728.6—2008	S00858 S00859
1-068 1-069			具有 4 个抽头的星形-星形连接的三相变压器 Three-phase transformer with four taps, connection: star-star			S00860 S00861
1-070 1-071			单相变压器组成的三相变压器,星形-三角形连接 Three-phase bank of single-phase transformers, connection star-delta			S00862 S00863
1-072 1-073			具有有载分接开关的三相变压器,星形-三角形连接 Three-phase transformer with tap changer			S00864 S00865
1-074 1-075			三相变压器,星形-星形-三角形连接 Three-phase transformer, connection star-star-delta	用于功能性文件	GB/T 4728.6—2008	S00868 S00869
1-076 1-077			自耦变压器,一般符号 Auto-transformer, general symbol			S00846 S00847

	图形符号-变压器	图集号	09DX001

序号	符号		说明	应用类别	符号来源	
	形式一	形式二			国家标准文件号	符号标识号
1-078 1-079			单相自耦变压器 Auto-transformer, single-phase			S00870 S00871
1-080 1-081			三相自耦变压器,星 形连接 Auto-transformer, three-phase, connection star			S00872 S00873
1-082 1-083			可调压的单相自耦变 压器 Auto-transformer, single-phase with voltage regulation			S00874 S00875
1-084 1-085			三相感应调压器 Three-phase induction regulator	用于功能 性文件	GB/T 4728.6—2008	S00876 S00877
1-086 1-087			电抗器,一般符号 Reactor,general symbol 扼流圈			S00848 S00849
1-088 1-089			电压互感器 Voltage transformer			S00878 S00879
1-090 1-091			三绕组变压器,一般 符号 Transformer with three windings,general symbol			S00844 S00845

	图形符号-变压器	图集号	09DX001

序号	符号		说明	应用类别	符号来源	
	形式一	形式二			国家标准文件号	符号标识号
1-092 1-093			电流互感器，一般符号 Current transformer, general symbol			S00850 S00851
1-094 1-095			具有两个铁芯，每个铁芯有一个次级绕组的电流互感器 Current transformer with two cores with one secondary winding on each core 在一次回路中每端示出端子符号表明只是一个单独器件，如果使用了端子代号，则端子（○）符号可以省略。形式二中铁芯符号可以略去		GB/T 4728.6—2008	S00880 S00881
1-096 1-097			在一个铁芯上具有两个次级绕组的电流互感器 Current transformer with two secondary windings on one core 形式二中的铁芯符号必须画出	用于功能性文件		S00882 S00883
1-098 1-099			具有三条穿线一次导体的脉冲变压器或电流互感器 Pulse or current transformer with three threaded primary conductors			S00888 S00889
1-100 1-101			三个电流互感器 （四个次级引线引出）		—	

	图形符号-互感器	图集号	09DX001

序号	符号	说明	应用类别	符号来源	
				国家标准文件号	符号标识号
1-117		隔离器 Disconnector; Isolator	用于功能性文件	GB/T 4728.7—2008 GB/T 2900.18—2008	S00288 4.2.4
1-118		双向隔离器（具有中间断开位置） 　Two-way disconnector; Two-way isolator		GB/T 4728.7—2008	S00289
1-119		隔离开关 　Switch-disconnector; on-load isolating switch		GB/T 4728.7—2008 GB/T 2900.18—2008	S00290 4.2.5
1-120		带自动释放功能的隔离开关 Switch-disconnector, automatic release; On-load isolating switch, automatic （具有由内装的测量继电器或脱扣器触发的自动释放功能）		GB/T 4728.7—2008	S00291
1-121		断路器 Circuit breaker		GB/T 4728.7—2008 GB/T 2900.18—2008	S00287 4.1.1
1-122		带隔离功能断路器		—	
1-123		剩余电流保护开关		GB/T 6988.1—2008 GB/T 2900.18—2008	图 A.10 示例 4.3.4
1-124		剩余电流保护开关	用于功能性文件	—	
1-125		报警式剩余电流保护器	用于功能性文件	GB 13955—2005	图 C.1

	图形符号-开关、触点	图集号	09DX001

序号	符号	说明	应用类别	符号来源	
				国家标准文件号	符号标识号
1-126		熔断器式开关 Fuse-switch			S00368 4.2.7.3
1-127		熔断器式隔离器 Fuse-disconnector；Fuse isolator		GB/T 4728.7—2008 GB/T 2900.18—2008	S00369 4.2.7.4
1-128		熔断器式隔离开关 Fuse switch-disconnector；On-load isolating fuse switch			S00370 4.2.7.5
1-129		接触器；接触器的主动合触点 Contactor；Main make contact of a contactor （在非操作位置上触点断开）	用于功能 性文件		S00284
1-130		接触器；接触器的主动断触点 Contactor；Main break contact of a contactor （在非操作位置上触点闭合）			S00286
1-131		静态（半导体）接触器 Static（semiconductor）contactor		GB/T 4728.7—2008	S00377
1-132		熔断器，一般符号 Fuse，general symbol			S00362
1-133		熔断器 Fuse （熔断器烧断后仍带电的一端用粗线表示）			S00363
1-134		熔断器；撞击熔断器 Fuse；Strike fuse （带机械连杆）			S00364
			图形符号-开关、触点	图集号	09DX001

序号	符号	说明	应用类别	符号来源	
				国家标准文件号	符号标识号
1-135		火花间隙 Spark gap			S00371
1-136		避雷器 Surge diverter；Lightning arrester			S00373
1-137		动合（常开）触点，一般符号 Make contact，general symbol 开关， 一般符号 Switch，general symbol			S00227
1-138		动断（常闭）触点 Break contact			S00229
1-139		先断后合的转换触点 Change-over break before make contact	用于功能 性文件	GB/T 4728.7—2008	S00230
1-140		中间断开的转换触点 Change-over contact with off-position			S00231
1-141 1-142	形式一 形式二	先合后断的双向转换触点 Change-over make before break contact，both ways			S00232 S00233
1-143		提前闭合的动合触点 Make contact，early closing （多触点组中此动合触点比其他 动合触点提前闭合）			S00239

	图形符号-开关、触点	图集号	09DX001

序号	符号	说明	应用类别	符号来源	
				国家标准文件号	符号标识号
1-144		滞后闭合的动合触点 Make contact,late closing （多触点组中此动合触点比其他 动合触点滞后闭合）			S00241
1-145		滞后断开的动断触点 Break contact,late opening （多触点组中此动断触点比其他 动断触点滞后断开）			S00242
1-146		提前断开的动断触点 Break contact,early opening （多触点组中此动断触点比其他 动断触点提前断开）			S00243
1-147		延时闭合的动合触点 Make contact,delayed closing （当带该触点的器件被吸合时， 此触点延时闭合）			S00244
1-148		延时断开的动合触点 Make contact,delayed opening （当带该触点的器件被释放时， 此触点延时断开）	用于功能 性文件	GB/T 4728.7—2008	S00245
1-149		延时断开的动断触点 Break contact,delayed opening （当带该触点的器件被吸合时， 此触点延时断开）			S00246
1-150		延时闭合的动断触点 Break contact,delayed closing （当带该触点的器件被释放时， 此触点延时闭合）			S00247
1-151		延时动合触点 Make contact,delayed （无论带该触点的器件被吸合还 是释放，此触点均延时）			S00248
1-152		手动操作开关，一般符号 Switch,manually operated, general symbol			S00250

	图形符号-开关、触点	图集号	09DX001

序号	符号	说明		应用类别	符号来源	
					国家标准文件号	符号标识号
1-191	★（圆形内）	指示仪表，一般符号 Indicating instrument, general symbol	符号内的"★"应由下列之一代替： —被测量的单位的文字符号或倍数、约数，示例见 1-193 —被测量的文字符号，示例见 1-197 —化学分子式，示例见 1-202 —图形符号，示例见 1-200			S00910
1-192	★（方形内）	记录仪表，一般符号 Recording instrument, general symbol				S00911
1-193	V	电压表 Voltmeter				S00913
1-194	A Isinφ	无功电流表 Reactive current ammeter				S00914
1-195	W Pmax	最大需量指示器 Maximum demand indicator（被积算仪表激励）		用于功能性文件	GB/T 4728.8—2008	S00915
1-196	var	无功功率表 Varmeter				S00916
1-197	cosφ	功率因数表 Power-factor meter				S00917
1-198	φ	相位计 Phase meter				S00918
1-199	Hz	频率计 Frequency meter				S00919
1-200		同步指示器 Synchronoscope				S00920
1-201		检流计 Galvanometer				S00924

	图形符号-测量仪表	图集号	09DX001

序号	符号	说明	应用类别	符号来源	
				国家标准文件号	符号标识号
1-202	(NaCl)	盐度计 Salinity meter			S00925
1-203	(θ)	温度计;高温计 Thermometer;Pyrometer			S00926
1-204	(n)	转速表 Tachometer			S00927
1-205	W	记录式功率表 Recording wattmeter			S00928
1-206	W | var	组合式记录功率表和无功功率表 Combined recording wattmeter and varmeter			S00929
1-207	★ | ★	组合式记录表 符号内的"★"参照序号 1-191、1-192 确定	用于功能性文件	GB/T 4728.8—2008	S00929 十标注
1-208	Wh	电度表(瓦时计) Watt-hour meter			S00933
1-209	Wh	复费率电度表(示出二费率) Multi-rate watt-hour meter			S00938
1-210	∿	录波器 Oscilograph			S00930
1-211	Wh P>	超量电度表 Excess watt-hour meter			S00939
1-212	Wh →	带发送器电度表 Watt-hour meter with transmitter			S00940

	图形符号-测量仪表	图集号	09DX001

序号	符号	说明	应用类别	符号来源	
				国家标准文件号	符号标识号
1-213	Wh Pmax	带最大需量指示器电度表 Watt-hour meter with maximum demand indicator	用于功能性文件	GB/T 4728.8—2008	S00943
1-214	varh	无功电度表 Var-hour meter			S00945
1-220	Wh Pmax	带最大需量记录器电度表 Watt-hour meter with maximum demand recorder			S00944
1-221	⊗	信号灯，一般符号 Lamp,general symbol 如果需要指示颜色，则要在符号旁标出下列代码： RD—红　YE—黄　GN—绿 BU—蓝　WH—白 如果需要指示灯的类型，则要在符号旁标出下列代码： Ne—氖　Xe—氙　Na—钠气 Hg—汞　I—碘　IN—白炽灯 EL—电致发光的　ARC—弧光 FL—荧光的　IR—红外线的 UV—紫外线的　LED—发光二极管	用于功能性文件和位置文件	GB/T 4728.8—2008	S00965 ＋标注
1-222	⊗	闪光型信号灯 Signal lamp,flashing type	用于功能性文件		S00966
1-223		音响信号装置，一般符号（电喇叭、电铃、单击电铃，电动汽笛） Acoustic signalling device, general symbol	用于功能性文件和位置文件	GB/T 4728.8—2008	S01417
1-224		报警器 Siren	用于功能性文件	GB/T 4728.8—2008	S00972
1-225		蜂鸣器 Buzzer			S00973

	图形符号-测量仪表	图集号	09DX001

序号	符号	说明	应用类别	符号来源	
				国家标准文件号	符号标识号
1-226		发电站,规划的 Generating station,planned			S00385
1-227		发电站,运行的或未特别提到的 Generating station, in service or unspecified			S00386
1-228		热电联产发电站,规划的 Combined electric and heat generated station,planned			S01419
1-229		热电联产发电站,运行的或未特别提到的 Combined electric and heat generated station, in service or unspecified	用于位置文件	GB/T 4728.11—2008	S01420
1-230		变电站、配电所,规划的 Substation,planned (可在符号内加上任何有关变电站详细类型的说明)			S00389
1-231		变电站、配电所,运行的或未特别提到的 Substation,in service or unspecified			S00390
1-232		连线,一般符号 Connection,general symbol (导线;电线;电缆;传输通路;电信线路)	用于功能性文件和位置文件	GB/T 4728.3—2005	S00001
1-233		地下线路 Underground line	用于位置文件	GB/T 4728.11—2008	S00407

注:序号 1-232~1-266 线路标注方式也适用于弱电工程。	图形符号变电站标注、线路标注	图集号	09DX001

序号	符号	说明	应用类别	符号来源	
				国家标准文件号	符号标识号
1-234		带接头的地下线路 Line with buried joint	用于位置文件	GB/T 4728.11—2008	S00413
1-235	E	接地极 Earthed pole			S00413 ＋标注
1-236	E	接地线 Ground conductor	用于功能性文件和位置文件		S00001 ＋标注
1-237	LP	避雷线 Earth wire,ground-wire 避雷带 Strap type lightning protect 避雷网 Network of lightning conduct		GB/T 4728.3—2005	S00001 ＋标注
1-238	●	避雷针 Lightning rod		—	
1-239		水下线路 Submarine line	用于位置文件	GB/T 4728.11—2008	S00408
1-240	○	架空线路 Overhead line			S00409
1-241	○	套管线路 Line within a duct； Line within a pipe （附加信息可标注在管道线路的上方）			S00410
1-242	○⁶	六孔管道的线路 Line within a six-way-duct			S00411 ＋标注

注:本图线路标注也同样适用于弱电工程。	图形符号-线路标注	图集号	09DX001

序号	符号	说明	应用类别	符号来源	
				国家标准文件号	符号标识号
1-243		电缆梯架、托盘、线槽线路 Line of cable tray 注:本符号用电缆桥架轮廓和连线组合而成	用于功能性文件和位置文件	GB/T 4278.2—2005 GB/T 4728.3—2005	S00060 S00058
1-244		电缆沟线路 Line of cable trench 注:本符号用电缆沟轮廓和连线组合而成			S00060 S00058
1-245		中性线 Neutral conductor		GB/T 4728.11—2008	S00446
1-246		保护线 Protective conductor			S00447
1-247	PE	保护接地线 Protective earthing conductor		GB/T 4728.3—2005	S00001 ＋标注
1-248		保护线和中性线共用线 Combined protective and neutral conductor		GB/T 4728.11—2008	S00448
1-249		带中性线和保护线的三相线路 Three-phase wiring with neutral condutor and protective conductor			S00449
1-250		向上配线;向上布线 Wiring going upwards	用于位置文件		S00450
1-251		向下配线;向下布线 Wiring going downwards			S00451

注:本图线路标注也同样适用于弱电工程。	图形符号-线路标注	图集号	09DX001

序号	符号	说明	应用类别	符号来源	
				国家标准文件号	符号标识号
1-252		垂直通过配线;垂直通过布线 Wiring passing through overtically	用于位置文件	GB/T 4728.11—2008	S00452
1-253	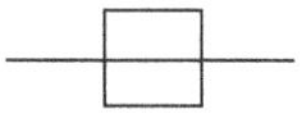	人孔,用于地井 Manhole for underground chamber			S00412
1-254	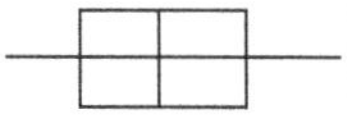	手孔的一般符号		YD/T 5015—2007	11-2
1-255	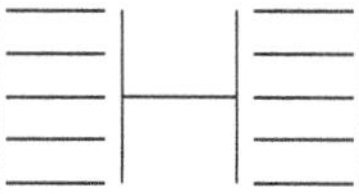	多个平行的连接线可用一条线（线束）表示;中断平行连接线,留一定间隔,其间隔之间画一根横线表示线束,横线两端各画一短垂线		GB/T 6988.1—2008	图37
1-256	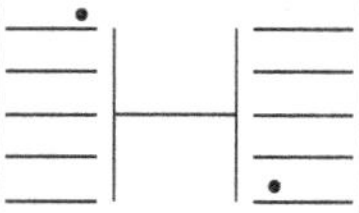	线束内顺序的表示。使用一个点表示第一个连接			
1-257	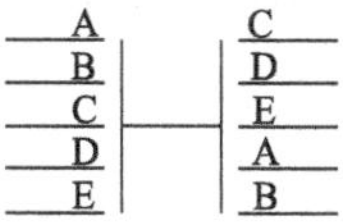	线束内顺序的表示。表示对应连接			
1-258	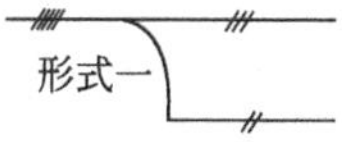 形式一	线束内导线数目的表示			
1-259	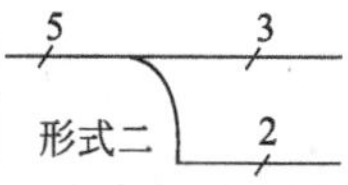 形式二				

注:本图线路标注也同样适用于弱电工程。	图形符号-线路标注	图集号	09DX001

序号	符号	说明			应用类别	符号来源	
						国家标准文件号	符号标识号
1-260 1-261 1-262	□ ▭ 形式一 形式二 ○ 形式三	物件 Object (设备、器件、功能单元、元件、功能) 符号轮廓内填入或加上适当的代号或符号以表示物件的类别			用于功能性文件位置文件	GB/T 4728.2—2005	S00059 S00060 S00061
1-263	MEB	等电位端子箱					
1-264	LEB	局部等电位端子箱				—	
1-265	EPS	EPS电源箱					
1-266	UPS	UPS(不间断)电源箱					
1-267	▭★	轮廓内或外就近标注字母代码"★",表示电气柜(屏)、箱、台			用于位置文件	GB/T 4728.2—2005 GB/T 5094.2—2003	S00060 十标注
		35kV 开关柜、MCC柜	AH	电源自动切换箱(柜)	AT			
		20kV 开关柜、MCC柜	AJ	电力配电箱	AP		
		10kV 开关柜、MCC柜	AK	应急电力配电箱	APE		
		6kV 开关柜、MCC柜	AL	控制箱、操作箱	AC		
		低压配电柜、MCC柜	AN	励磁屏(柜)	AE		
		并联电容器屏(箱)	ACC	照明配电箱	AL		
		直流配电柜(屏)	AD	应急照明配电箱	ALE		
		保护屏	AR	电度表箱	AW		
		电能计量柜	AM	过路接线盒、接线箱	XD		
		信号箱	AS	插座箱	XD		

注:本图序号1-260～1-266线路标注方式也适用于弱电工程。

图形符号-配电设备标注	图集号	09DX001

序号	符号	说明	应用类别	符号来源	
				国家标准文件号	符号标识号
1-268 1-269		配电中心　Distribution centre （符号表示带五路配线） 符号就近标注字母代码"★"见 34 页，表示不同配电柜（屏）、箱、台	用于位置 文件	GB/T 4728.11—2008	S00456
1-270	○	盒，一般符号 Box，general symbol			S00453
1-271	⊙	连接盒；接线盒 Connection box；Junction box			S00454
1-272		用户端，供电引入设备 Consumers terminal，Service en- trance equipment （符号表示带配线）	用于功能 性文件和位 置文件		S00455
1-273		电动机启动器，一般符号 Motor starter，general symbol （特殊类型的启动器可以在一般 符号内加上限定符号来表示）			S00297
1-274		调节-启动器 Starter-regulator	用于功能 性文件	GB/T 4728.7—2008	S00299
1-275		可逆直接在线启动器 Direct-on-line starter，reverting			S00301

图形符号-接线盒、启动器	图集号	09DX001

序号	符号	说明	应用类别	符号来源	
				国家标准文件号	符号标识号
1-276		星-三角启动器 Star-delta starter	用于功能性文件	GB/T 4728.7—2008	S00302
1-277		带自耦变压器的启动器 Starter with auto-transformer			S00303
1-278		带可控硅整流器的调节-启动器 Starter-regulator with thyristors			S00304
1-279		(电源)插座、插孔,一般符号(用于不带保护极的电源插座) Socket outlet(power),general symbol Receptacle outlet(power),general symbol	用于位置文件	GB/T 4728.11—2008	S00457
1-280 1-281	形式一 形式二	多个(电源)插座,符号表示三个插座 Multiple socket outlet(power)			S00458 S00459
1-282		带保护极的(电源)插座 Socket outlet(power) with protective contact			S00460
1-283		单相二、三极电源插座	用于位置文件		—
1-284 1-285	(不带保护极) ★ (带保护极) ★	根据需要可在"★"处用下述文字区别不同插座: 1P—单相(电源)插座 1EX—单相防爆(电源)插座 3P—三相(电源)插座 3EX—三相防爆(电源)插座 1C—单相暗敷(电源)插座 1EN—单相密闭(电源)插座 3C—三相暗敷(电源)插座 3EN—三相密闭(电源)插座	用于位置文件	GB/T 4728.11—2008	S00457 ＋标注 S00460 ＋标注
1-286		带滑动保护板的(电源)插座 Socket outlet(power) with sliding shutter			S00461

图形符号-启动器、插座	图集号	09DX001

序号	符号	说明	应用类别	符号来源	
				国家标准文件号	符号标识号
1-287		带单极开关的(电源)插座 Socket outlet(power) with single-pole switch	用于位置文件	GB/T 4728.11—2008	S00462
1-288		带保护极的单极开关的(电源)插座	用于位置文件		—
1-289		带联锁开关的(电源)插座 Socket outlet(power) with inter-locked switch	用于位置文件	GB/T 4728.11—2008	S00463
1-290		带隔离变压器的(电源)插座 Socket outlet(power) with isola-ting transformer(剃须插座)			S00464
1-291		开关,一般符号 Switch,general symbol 单联单控开关			S00466
1-292		根据需要"★"用下述文字标注在图形符号旁边区别不同类型开关: EX—防爆开关;EN—密闭开关;C—暗装开关		GB/T 4728.11—2008	S00466 ＋标注
1-293		双联单控开关	用于位置文件		
1-294		三联单控开关			
1-295		n 联单控开关,$n>3$			
1-296		带指示灯的开关 Switch with pilot light 带指示灯的单联单控开关		GB/T 4728.11—2008	S00467

图形符号-插座、照明开关	图集号	09DX001

序号	符号	说明	应用类别	符号来源	
				国家标准文件号	符号标识号
1-297		带指示灯双联单控开关			S00467 ＋标注
1-298		带指示灯的三联单控开关		GB/T 4728.11—2008	S00467 ＋标注
1-299		带指示灯的 n 联单控开关, $n > 3$			S00467 ＋标注
1-300		单极限时开关 Period limiting switch, single pole	用于位置文件		S00468
1-301		双极开关 Two pole switch			S00469
1-302		多位单极开关 Multiposition single pole switch （例如用于不同照度）		GB/T 4728.11—2008	S00470
1-303		双控单极开关 Two-way single pole switch			S00471
1-304		中间开关 Intermediate switch 等效电路图			S00472
1-305		调光器 Dimmer			S00473

	图形符号-照明开关	图集号	09DX001

序号	符号	说明	应用类别	符号来源	
				国家标准文件号	符号标识号
1-306		单极拉线开关 Pull-cord single pole switch		GB/T 4728.11—2008	S00474
1-307		风机盘管三速开关		—	
1-308	◎	按钮 Push-button			S00475
1-309	◎ ★	根据需要"★"用下述文字标注在图形符号旁边区别不同类型按钮: 2—两个按钮单元组成的按钮盒 3—三个按钮单元组成的按钮盒 EX—防爆型按钮 EN—密闭型按钮	用于位置文件		S00475 ＋标注
1-310	⊗	带有指示灯的按钮 Push-button with indicator lamp		GB/T 4728.11—2008	S00476
1-311		防止无意操作的按钮 Push-button protected against unintentional operation (例如借助于打碎玻璃罩进行保护)			S00477
1-312	t	定时器 Timer (限时设备)			S00478
1-313		定时开关 Time switch			S00479

			图形符号-照明开关、按钮	图集号	09DX001

序号	符号	说明	应用类别	符号来源	
				国家标准文件号	符号标识号
1-314		钥匙开关 Key-operated switch （看守人系统装置）		GB/T 4728.11—2008	S00480
1-315	⊗ ★	灯，一般符号 　如需要指出灯光源类型，见29页。 　如需要指出灯具种类，则在"★"位置标出数字或下列字母： W—壁灯　　　C—吸顶灯 ST—备用照明　R—筒灯 EN—密闭灯　　SA—安全照明 EX—防爆灯　　G—圆球灯 E—应急灯　　　P—吊灯 L—花灯　LL—局部照明灯		GB/T 4728.8—2008	S00965 ＋标注
1-316	E	应急疏散指示标志灯 Emergency exit indicating lumi-naires	用于位置文件		
1-317	→	应急疏散指示标志灯（向右） Emergency exit indicating lumi-naires(right)		GB/T 4327—2008	3-08 ＋标注
1-318	←	应急疏散指示标志灯（向左） Emergency exit indicating lumi-naires(left)			
1-319	⇄	应急疏散指示标志灯（向左、向右） Emergency exit indicating lumi-naires(left、right)			
1-320	⊗	专用电路上的应急照明灯 Emergency lighting luminaire on special circuit		GB/T 4728.11—2008	S00491

	图形符号-灯具	图集号	09DX001

序号	符号	说明	应用类别	符号来源	
				国家标准文件号	符号标识号
1-321	⊠	自带电源的应急照明灯 Self-contained emergency lighting luminaire	用于位置文件	GB/T 4728.11—2008	S00492
1-322		光源,一般符号 Luminaire, general symbol 荧光灯,一般符号 Fluorescent lamp,general symbol			S00484
1-323		二管荧光灯		—	
1-324		多管荧光灯,表示三管荧光灯 Luminaire with many fluorescent tubes		GB/T 4728.11—2008	S00485
1-325	n	多管荧光灯,$n>3$ Luminaire with many fluorescent tubes			S00486
1-326	★	如需要指出灯具种类,则在"★"位置标出下列字母: EN—密闭灯　EX—防爆灯			S00484 ＋标注
1-327	★				S00485 ＋标注
1-328	⊗	投光灯,一般符号 Projector,general symbol			S00487
1-329	⊗	聚光灯 Spot light			S00488

		图形符号-灯具	图集号	09DX001

序号	标注方式	说明	示例		备注
3-001	$\dfrac{a}{b}$	用电设备标注 a—设备编号或设备位号 b—额定功率(kW 或 kV·A)	$\dfrac{M01}{37kW}$ M01 为电动机的设备编号 37kW 为电动机的容量		—
3-002	—a+b/c	系统图电气箱(柜、屏)标注 a—设备种类代号 b—设备安装位置的位置代号 c—设备型号	—AP01+B1/XL21-15 表示动力配电箱种类代号为—AP01,位于地下一层—AL11+F1/LB101 表示照明配电箱的种类代号为—AL11,位于地上一层		前缀"—"在不会引起混淆时可取消
3-003	—a	平面图电气箱(柜、屏)标注 a—设备种类代号	—AP1 表示动力配电箱种类代号,在不会引起混淆时,可取消前缀"—"即用 AP1 表示		
3-004	a b/c d	照明、安全、控制变压器标注 a—设备种类代号 b/c—一次电压/二次电压 d—额定容量	TA1 220/36V 500V·A 照明变压器 TA1 变比 220/36V 容量 500V·A		
3-005	$a—b\dfrac{c×d×L}{e}f$	照明灯具标注 a—灯数 b—型号或编号(无则省略) c—每盏照明灯具的灯泡数 d—灯泡安装容量 e—灯泡安装高度(m),"—"表示吸顶安装 f—安装方式,见69页 L—光源种类,见29页	管型荧光灯的标注方式 $5—FAC41286P\dfrac{2×36}{3.5}CS$ 5 盏 FAC41286P型灯具,灯管为双管 36W 荧光灯,灯具链吊安装,安装高度距地 3.5m。 (管型荧光灯标注中光源种类 L 可以省略)	紧凑型荧光灯(节能灯)的标注方式 $6—YAC70542\dfrac{14×FL}{-}$ 6 盏 YAC70542型灯具,灯具为单管 14W 紧凑型荧光灯,灯具吸顶安装。 (灯具吸顶安装时,安装方式 f 可以省略)	—
3-006	$\dfrac{a×b}{c}$	电缆桥架标注 a—电缆桥架宽度(mm) b—电缆桥架高度(mm) c—电缆桥架安装高度(m)	$\dfrac{600×150}{3.5}$ 电缆桥架宽度 600mm 电缆桥架高度 150mm 电缆桥架安装高度距地 3.5m		

			电气设备的标注方法	图集号	09DX001

序号	标注方式	说明	示例	备注
3-007	$ab-c(d\times e+f\times g)i-jh$	线路的标注 a—线缆编号 b—型号(不需要可省略) c—线缆根数 d—电缆线芯数 e—线芯截面(mm²) f—PE、N线芯数 g—线芯截面积(mm²) i—线路敷设方式,见68页 j—线路敷设部位,见68、69页 h—线路敷设安装高度(m) 上述字母无内容则省略该部分	WP201 YJV－0.6/1kV－2(3×150＋2×70) SC80-WS3.5 WP201 为电缆的编号 YJV－0.6/1kV－2(3×150＋2×70)为电缆的型号、规格,2根电缆并联连接 SC80 表示电缆穿 DN80mm 的焊接钢管 WS3.5 表示沿墙面明敷,高度距地 3.5m	
3-008	a-b-c-d e-f	电缆与其他设施交叉点标注 a—保护管根数 b—保护管直径(mm) c—保护管长度(m) d—地面标高(m) e—保护管埋设深度(m) f—交叉点坐标	6-DN100-2.0m-(-0.3m) -1.0m-(x=174.235,y=243.621) 电缆与设施交叉,交叉点坐标为(x＝174.235,y＝243.621),埋设 6 根长 2.0m DN100mm 焊接钢管,钢管埋设深度为 －1.0m(地面标高为－0.3m) 上述字母根据需要可省略	—
3-009	a-b(c×2×d)e-f	电话线路的标注 a—电话线缆编号 b—型号(不需要可省略) c—导线对数 d—导体直径(mm) e—敷设方式和管径(mm) f—敷设部位	W1-HYV(5×2×0.5)SC15-WS W1 为电话电缆回路编号 HYV(10×2×0.5)为电话电缆的型号、规格 敷设方式为穿 DN15mm 焊接钢管沿墙明敷 上述字母根据需要可省略	

	电气设备的标注方法	图集号	09DX001

序号	名称	标注文字符号	英文名称	备注
	线路敷设方式的标注			
3-010	穿低压流体输送用焊接钢管敷设	SC	Run in welded steel conduit	
3-011	穿电线管敷设	MT	Run in electrical metallic tubing	
3-012	穿硬塑料导管敷设	PC	Run in rigid PVC conduit	
3-013	穿阻燃半硬塑料导管敷设	FPC	Run in flame retardant semiflexible PVC conduit	
3-014	电缆桥架敷设	CT	Installed in cable tray	
3-015	金属线槽敷设	MR	Installed in metallic raceway	
3-016	塑料线槽敷设	PR	Installed in PVC raceway	—
3-017	钢索敷设	M	Supported by messenger wire	
3-018	穿塑料波纹电线管敷设	KPC	Run in corrugated PVC conduit	
3-019	穿可挠金属电线保护套管敷设	CP	Run in flexible metal trough	
3-020	直埋敷设	DB	Direct burying	
3-021	电缆沟敷设	TC	Installed in cable trough	
3-022	混凝土排管敷设	CE	Installed in concrete encasement	
	导线敷设部位的标注			
3-023	沿或跨梁(屋架)敷设	AB	Along or across beam	
3-024	暗敷在梁内	BC	Concealed in beam	
3-025	沿或跨柱敷设	AC	Along or across column	
3-026	暗敷设在柱内	CLC	Concealed in column	
3-027	沿墙面敷设	WS	On wall surface	—
3-028	暗敷设在墙内	WC	Concealed in wall	
3-029	沿天棚或顶板面敷设	CE	Along ceiling or slab surface	—
3-030	暗敷设在屋面或顶板内	CC	Concealed in ceiling or slab	
3-031	吊顶内敷设	SCE	Recessed in ceiling	
3-032	地板或地面下敷设	FC	In floor or ground	
	灯具安装方式的标注			
3-033	线吊式	SW	Wire suspension type	
3-034	链吊式	CS	Catenary suspension type	
3-035	管吊式	DS	Conduit suspension type	
3-036	壁装式	W	Wall mounted type	
3-037	吸顶式	C	Ceiling mounted type	
3-038	嵌入式	R	Flush type	—
3-039	顶棚内安装	CR	Recessed in ceiling	
3-040	墙壁内安装	WR	Recessed in wall	
3-041	支架上安装	S	Mounted on support	
3-042	柱上安装	CL	Mounted on column	
3-043	座装	HM	Holder mounting	

安装方式的文字符号	图集号	09DX001

电气设备常用项目种类的字母代码

项目种类	设备,装置和元件名称	主类代码	含子类代码
两种或两种以上的用途或任务	35kV开关柜,MCC柜	A	AH
	20kV开关柜,MCC柜		AJ
	10kV开关柜,MCC柜		AK
	6kV开关柜,MCC柜		AL
	低压配电柜,MCC柜		AN
	并联电容器屏(箱)		ACC
	直流配电柜(屏)		AD
	保护屏		AR
	电能计量柜		AM
	信号箱		AS
	电源自动切换箱(柜)		AT
	电力配电箱		AP
	应急电力配电箱		APE
	控制箱,操作箱		AC
	励磁屏(柜)		AE
	照明配电箱		AL
	应急照明配电箱		ALE
	电度表箱		AW
两种或两种以上的用途或任务	建筑设备监控主机	A	BB
	电信(弱电)主机		—
把某一输入变量(物理性质,条件或事件)转换为供进一步处理的信号	热过载继电器	B	BB
	保护继电器		BB
	电流互感器		BE
	电压互感器		BE
	测量继电器		BE
	测量电阻(分流)		BE
	测量变送器		BE
	气表,水表		BF
	差压变送器		BF
	流量传感器		BF
	接近开关,位置开关		BG
	时钟,计时器		BG
	湿度计,湿度测量传感器		BK
	压力传感器		BM
	烟雾(感烟)探测器		BP
把某一输入变量(物理性质,条件或事件)转换为供进一步处理的信号	感光(火焰)探测器	B	BR
	光电池		BR
	速度计,转速计		BS
	速度变换器		BS
	温度传感器,温度计		BT
	麦克风		BX
	视频摄像机		BX
	火灾探测器		—
	气体探测器		—
	测量传感器		BQ
	位置测量传感器		BQ
	液位测量传感器		BL
材料,能量或信号的存储	电容器	C	CA
	线圈		CB
	硬盘		CF
	存储器		CF
	磁带记录仪,磁带机		CF
	录像机		CF

图集号　09DX001

电气设备常用项目种类的字母代码　图集号 09DX001

项目种类	设备、装置和元件名称	主类代码	含子类代码
提供辐射或热能	白炽灯、荧光灯	E	EA
	紫外灯		EA
	电炉、电暖炉		EB
	电热、电热丝		EB
	灯、灯泡		—
	激光器		
	发光设备		
	辐射器		
直接防止(自动)能量流、信息流,信号流或设备发生危险的或意外的情况,包括用于防护的系统和设备	热过载释放器	F	FD
	熔断器		FA
	微型断路器		FB
	安全栅		FC
	电涌保护器		FC
	避雷器		FE
	避雷针		FE
	保护阴极(阴极)		FR
	发电机	G	GA
	直流发电机		GA
启动能量流或材料流产生用作信息载体或参考源的信号、生产或储存的信息	电动发电机组	G	GA
	柴油发电机组		GA
	蓄电池、干电池		GB
	燃料电池		GB
一种新能量、材料或产品	太阳能电池		GC
	信号发生器		GF
	不间断电源		GU
处理(接收、加工和提供)信号或信息(用于保护目的的项目除外,见F类)	继电器	K	KF
	时间继电器		KF
	控制器(电、电子)		KF
	输入、输出模块		KF
	接收机		KF
	发射机		KF
	光耦器		KG
	阀门控制器		KH
	控制器(光、声学)		KA
	瞬时接触继电器		KC
	电流继电器		KC
处理(接收、加工和提供)信号或信息(用于保护目的的项目除外,见F类)	电压继电器	K	KV
	信号继电器		KS
	瓦斯保护继电器		KB
	压力继电器		KPR
提供用于驱动的机械能量(旋转或线性机械运动)	电动机	M	MA
	直线电动机		MA
	电磁驱动		MB
	励磁线圈		MB
	执行器		ML
	弹簧储能装置		ML
信息表述	打印机	P	PF
	录音机		PF
	电流表		PG
	电压表		PV
	告警灯、信号灯		PG
	监视器、显示器		PG
	LED(发光二极管)		PG
	铃、钟		PG

电气设备常用项目种类的字母代码

项目种类	设备、装置和元件名称	主类代码	含子类代码
信息表述	铃、钟	P	PB
	计量表		PG
	电流表		PA
	电度表		PJ
	时钟、操作时间表		PT
	无功电度表		PJR
	最大需用量表		PM
	有功功率表		PW
	功率因数表		PPF
	无功电流表		PAR
	(脉冲)计数器		PC
	记录仪器		PS
	频率表		PF
	相位表		PPA
	转速表		PT
	同位指示器		PS
	无色信号灯		PG
	白色信号灯		PGW
信息表述	红色信号灯	P	PGR
	绿色信号灯		PGG
	黄色信号灯		PGY
	显示器		PC
	温度计、液位计		PG
变换，切换或改变能量流、信号流或材料流(对于控制电路中的信号开/关，见K类或S类)	断路器、接触器	Q	QA
	接触器		QAC
	晶闸管、电动机启动器		QA
	隔离器、隔离开关		QB
	熔断器式隔离器		QB
	熔断器式隔离开关		QB
	接地开关		QC
	旁路断路器		QD
	电源转换开关		QCS
	剩余电流保护断路器		QR
	软启动器		QAS
	综合启动器		QCS
	星-三角启动器		QSD
	自耦降压启动器	Q	QTS
	转子变阻式启动器		QRS
限制或稳定能量、信息或材料的运动或流动	电阻器、二极管	R	RA
	电抗线圈		RA
	滤波器、均衡器		RF
	电磁锁		RL
	限流器		RN
	电感器		—
把手动操作转变为进一步处理的特定信号	控制开关	S	SF
	按钮开关		SF
	多位开关(选择开关)		SAC
	启动按钮		SF
	停止按钮		SS
	复位按钮		SR
	试验按钮		ST
	电压表切换开关		SV
	电流表切换开关		SA
	变频器、频率转换器	T	TA

图集号　09DX001

项目种类	设备、装置和元件名称	主类代码	含子类代码
保持能量性质不变，已变换的能量质量，已建立的信号内容不变的变换，材料形态或状态的变换	电力变压器	T	TA
	DC/DC转换器		TA
	整流器、AC/DC变换器		TB
	天线、放大器		TF
	调制器、解调器		TF
	隔离变压器		TF
	控制变压器		TC
	电流互感器		TA
	电压互感器		TV
	整流变压器		TR
	照明变压器		TL
	有载调压变压器		TLC
	自耦调压变压器		TT
从一地到另一地导引或输送能量、信号、材料或产品	高压母线，母线线槽	W	WA
	高压配电线缆，母线线槽		WB
	低压母线，母线线槽		WC
	低压配电线缆		WD
	数据总线		WF
	控制电缆，测量电缆		WG
	光缆，光纤		WH
	信号线路		WS
	电力线路		WP
	照明线路		WL
	应急电力线路		WPE
	应急照明线路		WLE
	滑触线		WT
连接物	高压端子，接线盒	X	XB
	高压电缆头		XB
	低压端子，端子板		XD
	过路接线盒，接线端子箱		XD
	低压电缆头		XD
	插座，插座箱	X	XD
	接地端子，屏蔽接地端子		XE
	信号分配器		XG
	(光学)信号连接器		XG
	连接器		XH
	插头		—
保护物体在指定位置	支柱绝缘子	U	UB
	电缆桥架，托盘，梯架		UB
	线槽，瓷瓶		UB
	电信桥架，托盘		UG
	绝缘子		—

转换开关电器

转换开关名称	简称	符号来源
转换开关电器	TSE	
自动转换开关电器	ATSE	GB/T 14048.11—2008
遥控转换开关电器	RTSE	
手动转换开关电器	MTSE	

转换开关表示方式：Q ATSE，Q ATSE，- - - 机械联锁 (S00154)

电气设备常用项目种类的字母代码　　图集号　09DX001

参考文献

［1］ 陈思荣,赵岐华．建筑设备识图．北京:冶金工业出版社,2012.

［2］ 赵宏家．电气工程识图与施工工艺．重庆:重庆大学出版社,2014.

［3］ 宁艳芳,徐玉堂．安装工程计量与计价实务．长沙:湖南科学技术出版社,2011.

［4］ 张之光．建筑电气．北京:化学工业出版社,2013.

［5］ 2010 国家建筑标准设计图 09DX001．建筑电气工程设计常用图形和文字符号．

附 图

说明：

1. 本工程火灾自动报警及消防联动系统按一级保护对象进行设计。系统采用集中报警系统。参照海湾安全技术股份有限公司产品进行设计。

2. 系统组成：
火灾自动报警系统；消防联动控制系统；火灾应急广播系统；消防直通对讲电话系统；电梯监视控制系统；应急照明控制系统。

3. 消防控制室：
1）本工程消防控制室设在1层，面积约为34m²，并设有直接通往室外的出口。
2）消防控制室的报警控制设备由火灾报警控制主机、联动控制台、CRT显示器、打印机、应急广播设备、消防直通对讲电话设备、电梯监控盘和电源设备等组成。
3）消防控制室可接收感烟、感温等探测器的火灾报警信号及水流指示器、信号阀、压力报警阀、手动报警按钮、消火栓按钮的动作信号。消防控制室能显示消防水池、屋顶水箱的水位状态。
4）消防控制室可联动控制所有与消防有关的设备。

4. 火灾自动报警系统：
1）本工程采用集中报警控制系统，该系统采用智能型二总线制集中报警系统，集中报警控制器设置在消防控制室内。
2）探测器：本工程设置感烟探测器。
3）探测器与灯具的水平净距应大于0.2m；与嵌入式扬声器的净距应大于0.1m；与自动喷水头的净距应大于0.3m；与墙或其他遮挡物的距离应大于0.5m。
4）在本楼适当位置设手动报警按钮带（消防对讲电话插孔）。手动报警按钮底距地1.5m。
5）在消火栓箱内设消火栓报警按钮。接线盒设在消火栓的开门侧，底距地1.8m。

5. 消防联动控制：
火灾报警后，消防控制室根据火灾情况控制相关层的正压送风阀及排烟阀、电动防火阀，并启动相应加压送风机、排烟风机，排烟阀280℃熔断关闭，防火阀70℃熔断关闭，阀、风机的动作信号要反馈至消防控制室。在消防控制室，对消火栓泵、自动喷洒泵、加压送风机、排烟风机，既可通过现场模块进行自动控制也可在联动控制台上通过硬线手动控制，并接收其反馈信号。

(1)消火栓泵控制：
1）平时由压力开关自动控制增压泵维持管网压力，管网压力过低时，直接启动主泵。
2）所有消火栓按钮动作后，直接启动消火栓泵，消防控制室能显示报警部位并接收其反馈信号。
3）消防控制室可通过控制模块编程，自动启动消火栓泵，并接收其反馈信号。
4）在消防控制室联动控制台上，可通过硬线手动控制消火栓泵，并接收其反馈信号。
5）消防控制室能显示消火栓泵电源状况。
6）消防泵房可手动启动消火栓泵。

(2)自动喷洒泵控制

1）平时由气压罐及压力开关自动控制增压泵维持管网压力，管网压力过低时，直接启动主泵。
2）火灾时，喷头喷水，水流指示器动作并向消防控制室报警，同时，报警阀动作，击响水力警铃，启动喷洒泵，消防控制室能接收其反馈信号。
3）消防控制室可通过控制模块编程，自动启动喷水泵，并接收其反馈信号。
4）在消防控制室联动控制台上，可通过硬线手动启动喷水泵，并接收其反馈信号。
5）消防控制室能显示喷水泵电源状况。
6）消防泵房可手动启动喷水泵。
7）压力开关应能直接联锁喷淋泵的启动。

(3)非消防电源控制：
本工程部分低压出线回路及非消防配电箱箱内设有分励脱扣器，由消防控制室在火灾确认后，通过继电器，断开相关电源。消防控制室可在报警后根据需要停止相关空调系统。

(4)应急照明平时采用就地控制，火灾时切断非消防电源，自动点亮应急照明灯。

(5)空调机及风机所接风管上的防火阀关闭后，联锁停止空调机及风机并报警。

6. 火灾应急广播系统：
在消防控制室设置火灾应急广播（与音响广播合用）机柜，机组采用定压式输出。在三层会议厅设专用火灾应急广播，由消防控制室控制，当发生火灾时，消防控制室值班人员可根据火灾发生的区域，自动或手动进行火灾广播，及时指挥、疏导人员撤离火灾现场。首层着火时，启动首层、二层及地下各层火灾应急广播；
地下层着火时，启动首层及地下火灾应急广播；
二层以上着火时，启动本层及相邻上、下层火灾应急广播。

7. 消防直通对讲电话系统：
在消防控制室内设置消防直通对讲电话总机，除在各层的手动报警按钮处设置消防直通对讲电话插孔外，在消防水泵房、变配电室、排烟风机房、电梯机房、空调机房、管理值班室等场所还设有消防专用电话分机；消防控制室设置可直接报警的外线电话。专用对讲电话分机底距地1.5m。

8. 电梯监视控制系统：
(1)在消防控制室设置电梯监控盘，能显示各部电梯运行状态、正常、故障、开门、关门等及所处楼位显示。
(2)火灾发生时，电梯均强制返回一层并开门。
(3)电梯运行监视控制盘及相应的控制电缆由电梯厂商提供。

9. 电源及接地：
(1)所有消防用电设备均采用双路电源供电并在末端设自动切换装置。消防控制室设备还要求设置蓄电池作为备用电源，此电源设备由设备承包商负责提供。
(2)消防系统接地利用大楼综合接地装置作为其接地极，设独立引下线，引下线采用BV-1×35/PC40。要求其综合接地电阻小于1Ω。

火灾自动报警

10. 消防系统线路敷设要求：

(1)平面图中所有火灾自动报警线路及50V以下的供电线路，穿SC15镀锌钢管，暗敷在楼板或墙内，从消防控制中心至配电小间及在配电小间内消防系统线路沿耐火封闭线槽敷设，配电小间外的其他场所，线路采用低压流体输送，用焊接钢管(SC)在吊顶、墙、楼面内暗敷，管线在墙内、楼面暗敷时，混凝土保护厚度不应小于3cm，吊顶内线路其保护管应涂防火涂料，穿管明敷时所有保护管应涂防火涂料，配电小间内金属封闭线槽安装完毕后，应将每层分隔楼板孔等所有空隙中填满防火堵料，施工时参照国标90SD180《电气竖井设备安装》，施工时应与土建施工密切配合，按图做好预留埋工作，施工验收请按现行国标及规范进行。

(2)就地模块箱顶距顶板0.2m安装。

(3)消火栓泵、自动喷洒泵等消防用水泵设自动巡检装置。

11. 系统的成套设备，包括报警控制器、联动控制台、CRT显示器、打印机、应急广播、消防专用电话总机、对讲录音电话及电源设备等均由该承包商配套供货，并负责安装、调试。

12. 未尽事宜，按国家规程规范执行。

序号	图例	名称	规格	单位	数量	备注
33		测温式传感器		个	实计	
32		剩余电流式电气火灾监控探测器	NDPS-T/K、W-5	台	实计	
31		电气火灾监控设备	DPS-FL600	台	1	
30		封闭式金属耐火线槽	50×50	m	实计	
29		钢管	SC15、20、25、32	m	实计	
28		钢管	SC50、40、32、15	m	实计	
27		控制电缆	NHKVV-7×1.5	m	实计	
26		控制电缆	NHKVV-5×1.5	m	实计	
25		耐火铜芯塑料线	BV-1.5、2.5、4	m	实计	
24		阻燃铜芯塑料铰型屏蔽线	RVVP-1.0	m	实计	
23		阻燃铜芯塑料铰型软线	RVS-1.0、1.5、2.5	m	实计	
22		消防广播模块	LD-8305	个	实计	
21		双动作切换模块	LD-8302A	个	实计	
20		单输入模块	LD-8300	个	实计	
19		单输入单输出模块	LD-8301	个	实计	
18		切换模块	LD-8302B	个	实计	
17	G	总线隔离器	LD-8313	个	9	
16		消火栓按钮	LD-8404	个	46	见水专业标注
15	S	检测模块		个	实计	见水专业标注
14		水流指示器		个	9	见水专业标注
13	X	火灾复示盘	ZF-101	个	9	
12		接线端子箱		个	9	
11		火灾光报警器	LD-8314	个	9	
10		报警电话分机	TS-100A	个	3	
9		火灾警报扬声器	3W	个	56	
8	Y	手动报警按钮	J-SAP-840	个	2	
7		带电话插孔的手动报警按钮	J-SAP-8402	个	28	
6	S	感烟探测器	JTY-GD-G3	个	219	
5	DT	电梯电控箱		台	3	
4		多线制联动控制盘	LD-KZ-08	台	1	
3	□	火灾报警既联动控制器	JB-QG-GST-5000	套	1	
2		电源盘	LD-D02	套	1	
1		消防广播设备及消防电话		套	1	
序号	图例	名称	规格	单位	数量	备注

主要材料表

系统设计说明

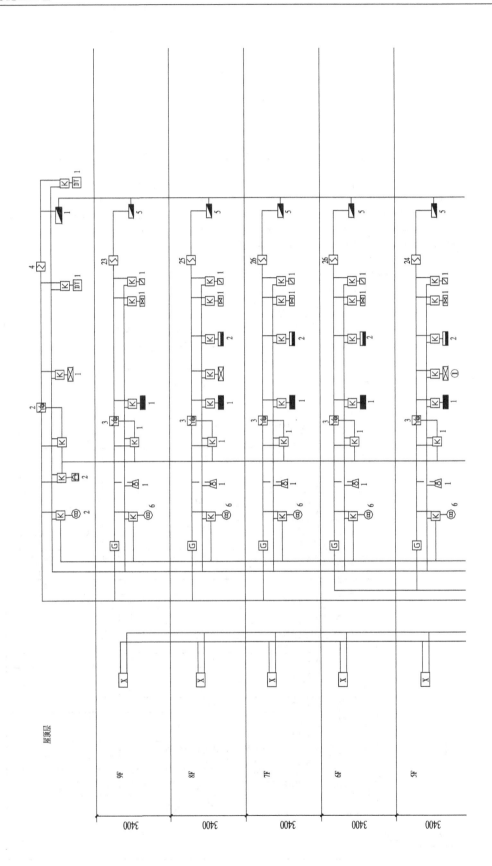

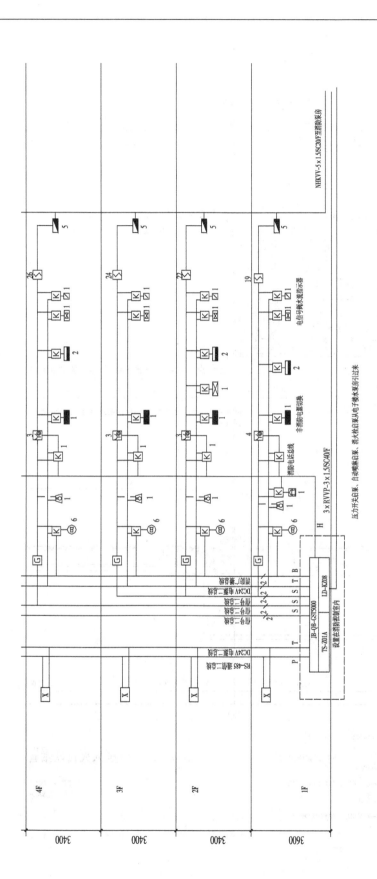

火灾自动报警系统图

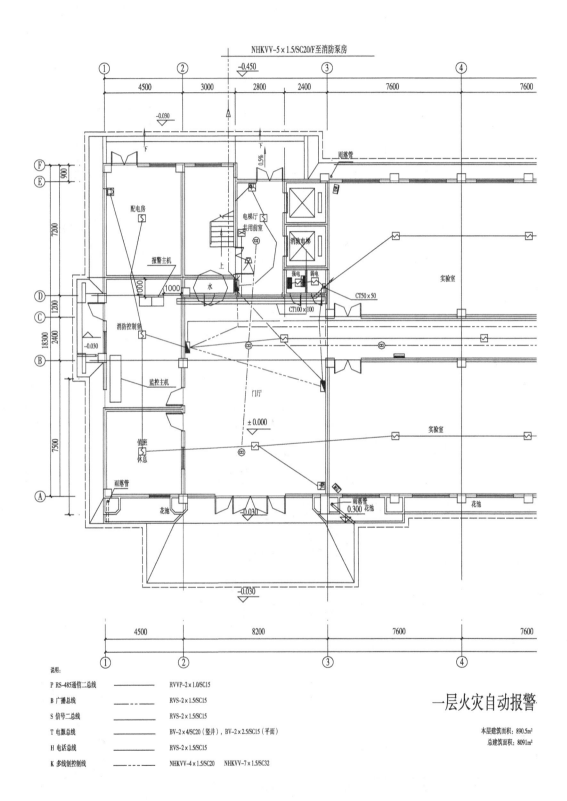

NHKVV-5×1.5/SC20/F至消防泵房

一层火灾自动报警

说明：

P	RS-485通信二总线	——————	RVVP-2×1.0/SC15
B	广播总线	——————	RVS-2×1.5/SC15
S	信号二总线	——————	RVS-2×1.5/SC15
T	电源总线	——————	BV-2×4/SC20（竖井），BV-2×2.5/SC15（平面）
H	电话总线	——————	RVS-2×1.5/SC15
K	多线制控制线	—·—·—·—	NHKVV-4×1.5/SC20 NHKVV-7×1.5/SC32

本层建筑面积：890.5m²
总建筑面积：8091m²

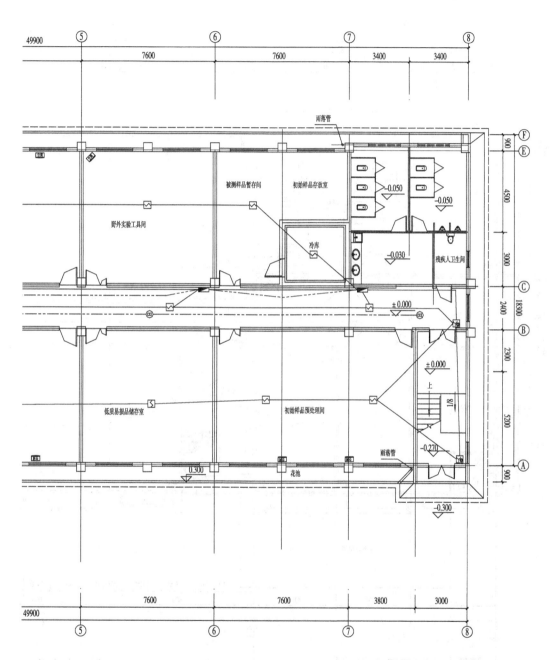

平面图 1：100

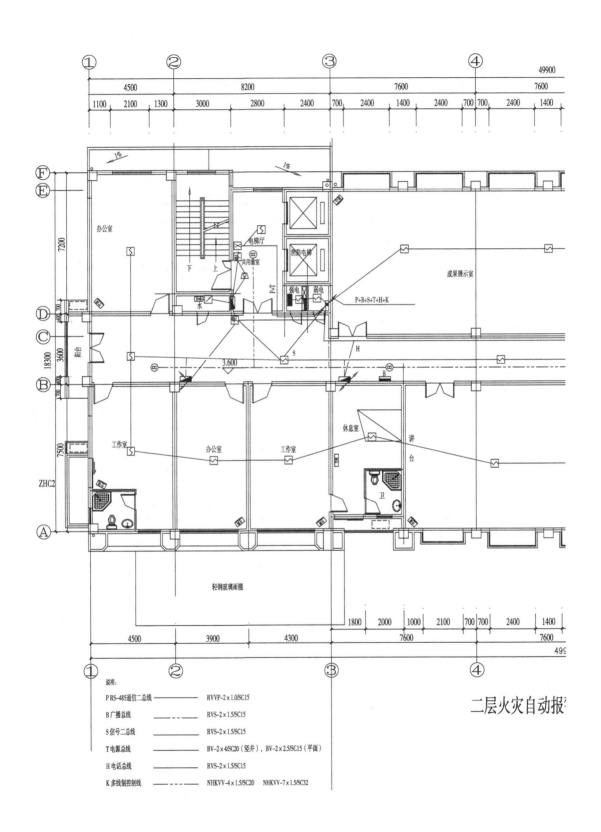

说明：

P	RS-485通信二总线 ————	RVVP-2×1.0/SC15
B	广播总线 ————	RVS-2×1.5/SC15
S	信号二总线 ————	RVS-2×1.5/SC15
T	电源总线 ————	BV-2×4/SC20（竖井），BV-2×2.5/SC15（平面）
H	电话总线 ————	RVS-2×1.5/SC15
K	多线制控制线 ––––––	NHKVV-4×1.5/SC20　NHKVV-7×1.5/SC32

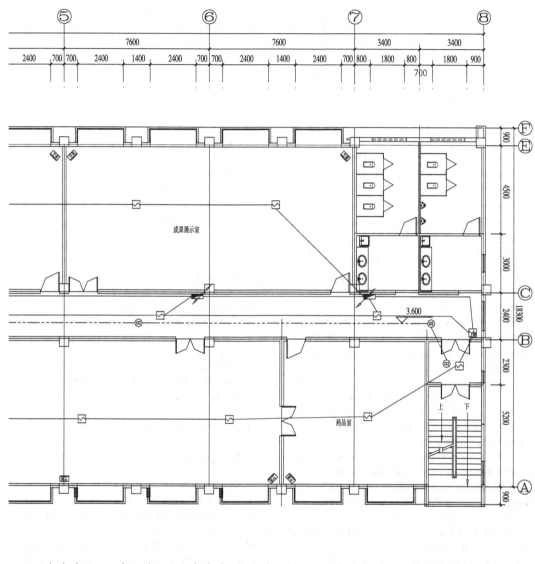

成果展示室

3.600

药品室

上　下

警平面图 1∶100

一、设计依据

1. 建筑概况:本工程为南方林业生态应用技术国家工程实验室的实验楼,位于湖南省长沙市韶山路116号,中南林业科技大学内,本建筑占地面积:890.5m²;总建筑面积:8091m²,建筑层数为9层,建筑高度:31.1m。属于不超过50m的一类高层建筑。本工程结构安全等级为一级,采用框架结构。

2. 相关专业提供给的工程设计资料;

3. 甲方提供的设计任务书及设计要求;

4. 中华人民共和国现行主要标准及法规;

5. 其他有关国家及地方的现行规程、规范及标准。

二、设计范围

本工程设计包括红线内的以下弱电系统;

1)综合布线系统;

2)有线电视系统;

3)保安闭路监视系统。

三、综合布线系统

1. 综合布线系统是将语音信号、数字信号的配线,经过统一的规范设计,综合在一套标准的配线系统上,此系统为开放式网络平台,方便用户在需要时,形成各自独立的子系统。综合布线系统可以实现资源共享,综合信息数据库管理、电子邮件、个人数据库、报表处理、财务管理、电话会议、电视会议等。本设计仅考虑布线不涉及网络设备。

2. 市政网络中心引来数据电缆、市政电话部门引来语音电缆进入九层电机房,引入端设置过电压保护装置。与外部通信,应充分考虑安全性,有效防止外界非法入侵。通信机房由电信部门设计,本设计仅负责总配线架以下的配线系统。

3. 本设计数据传输为超五类综合布线系统,网络主干线采用4芯室内多模光纤,沿200mm×200mm槽式电缆桥架敷设至各楼层配线架,从楼层配线架至各信息点采用超五类四对非屏蔽双绞线。电话传输主干电缆采用三类25对大对数电缆沿桥架引至各分配线架,电话线超五类四对非屏蔽双绞线沿线槽或穿管暗敷设至各语音点。

4. 在工作用房(办公室、资料室、会议室等)设置电话和信息插座。保密电话线路采用钢管敷设,交接箱为专用,需满足相关部门的要求。

5. 竖井内设专用接地线,专用接地线采用BV-1×35mm接至接地网。要求其接地电阻小于1Ω,弱电竖井内设备须与专用接地线电气连接。

6. 出线插座采用RJ45超五类型,暗装,底边距地0.3m。

7. 有关综合布线系统的构成待确定厂家后与甲方协商确定。网络设备则根据最终用户的需求自行配备。

8. 系统所有器件、设备均由承包商负责成套供货、安装、调试。

9. 系统的深化设计由承包商负责,设计院负责审核及与其他系统的接口的协调事宜。

四、有线电视系统

1. 普通电视信号由室外有线电视信号引来,系统采用750MHz(双向)高隔离度的邻频传输系统。

2. 所有引入端设置过电压保护装置。

3. 系统输出口频道间载波电平差:任意频道间≤10dB,相邻频道间≤3dB,频道频率稳定度±25kHz,图像/伴音频率间隔稳定度±5kHz,用户电平要求(67±4)dB,图像清晰度应在四级以上。

4. 市区有线电缆信号引入负一层弱电井内电视放大分配器箱。

5. 干线电缆选用SYWV-75-9(P4)(双向系统四屏蔽电缆)穿SC25热镀锌钢管明敷或桥架内敷设。支线电缆选用SYWV-75-5(P4)(四屏蔽电缆)穿SC25热镀锌钢管暗敷。

6. 电视插座底边距地0.3m暗装。

7. 系统所有器件、设备均由承包商负责成套供货、安装、调试。

8. 系统的深化设计由承包商负责,设计院负责审核及与其他系统的接口的协调事宜。

五、保安监视系统

1. 监视控制机房设在架空层(与消防控制室合用)。

2. 办公楼各层走道、电梯轿箱内均安装摄像机。走道内保安监视摄像机吸顶安装,电梯轿箱内保安监视摄像机吊顶暗装。

3. 所有电缆均穿sc25热镀锌钢管暗敷设或在桥架、吊顶内敷设。

4. 所有摄像机的电源均由主机供给,主机自带UPS电源,工作时间大于30min。

5. 系统控制为编码控制。

6. 中心主机系统采用全矩阵系统,所有视频信号可手动/自动切换。

7. 监视器图像质量按五级损伤制评定,图像质量不低于4级。

8. 监视器图像水平清晰度:黑白监视器不应低于400线,彩色监视器不应低于270线。

9. 监视器图像画面的灰度不应低于8级。

10. 系统所有器件、设备均由承包商负责成套供货、安装、调试。

11. 系统的深化设计由承包商负责,设计单位负责审核及与其他系统的接口的协调事宜。

六、其他

1. 计算机电源系统、有线电视系统、电信等弱电系统引入端过压保护装置。

2. 凡与施工有关而又未说明之处,参见国家、地方标准图集施工,或与设计院协商解决。

3. 本工程所选设备、材料,必须具有国家级检测中心的检测合格证书;必须满足与产品相关的国家标准;供电产品、消防产品应具有入网许可证。

4. 为设计方便,所选设备型号仅供参考,招标所确定的设备规格、性能等技术指标,不应低于设计图纸的要求。

5. 所有设备确定厂家后均需建设、施工、设计、监理四方进行技术交底。

6. 施工单位必须按照工程设计图纸和施工技术标准施工,不得擅自修改工程设计。施工单位在施工过程中发现设计文件和图纸有差错的,应当及时提出意见和建议。

7. 选用国家建筑标准设计图集

00DX001《建筑电气工程设计常用图形和文字符号》;

97X700《智能建筑弱电工程设计施工图集》;

03X801-1《建筑智能化系统集成设计图集》;

弱电系统

主要设备表

序号	名 称	规 格	单位	数量	备 注
	一、有线电视系统				
1	电视前端箱		台	1	
2	电视出线座		只	28	
3	同轴电缆	SYWV-75-9	m	实计	
4	同轴电缆	SYWV-75-5	m	实计	
5	电视分线箱		只	3	
	二、电话系统				
1	组线箱		只	5	
2	电话出线座		只	56	
3	超五类四对非屏蔽双绞线		m	实计	
4	阻燃线管	φ20	m	实计	
	三、监控系统				
1	专业监视器	SL-21LA	台	3	
2	专业液晶监视器	SL-22LA	台	2	
3	海康16路硬盘录相机	HTKVISI□N9116HF-S	台	1	
4	海康8路硬盘录相机	HTKVISI□N9108HF-S	台	1	
5	视频分配器	TEC 16进48出	台	1	
6	画面分割器	TEC 4画面分割器	台	1	
7	红外半球	KW-IR40HT/Ⅱ 1/3sony540线/4mm	只	9	
8	红外半球	KW-IR40HT/Ⅱ 1/3sony540线/12mm	只	11	
9	ITB硬盘			6	
10	钢管	G25	m	实计	
11	同轴电缆	SYWV-75-5	m	实计	
12	电缆	RVV-3×1.5	m	实计	
	四、网络系统				
1	楼栋汇聚交换机	S7806-lseries	套	1	
2	24口接入交换机	RG-S2628G-E	套	8	
3	48口接入交换机	RG-S2652G-E	套	1	
4	8芯室外单模光纤		m	实计	
5	4芯室内多模光纤		m	实计	
6	超五类四对非屏蔽双绞线		m	实计	
7	TCL打接配线架、理线器		台	8	
8	图腾机柜	2M, 42U(含2个电源插座)	台	1	
9	光纤配线盒		只	2	
10	光纤配线盒		只	20	
11	桥架	100×100	m	实计	电话网络共用
	UPS	APC 5kV·A 2h	台	实计	
	一位信息面板		只	126	
	RJ45信息插座模块		只	126	

设计说明

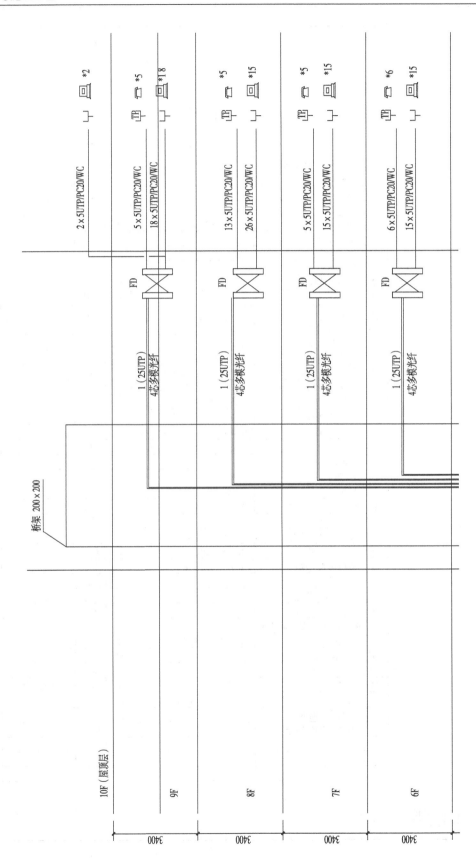

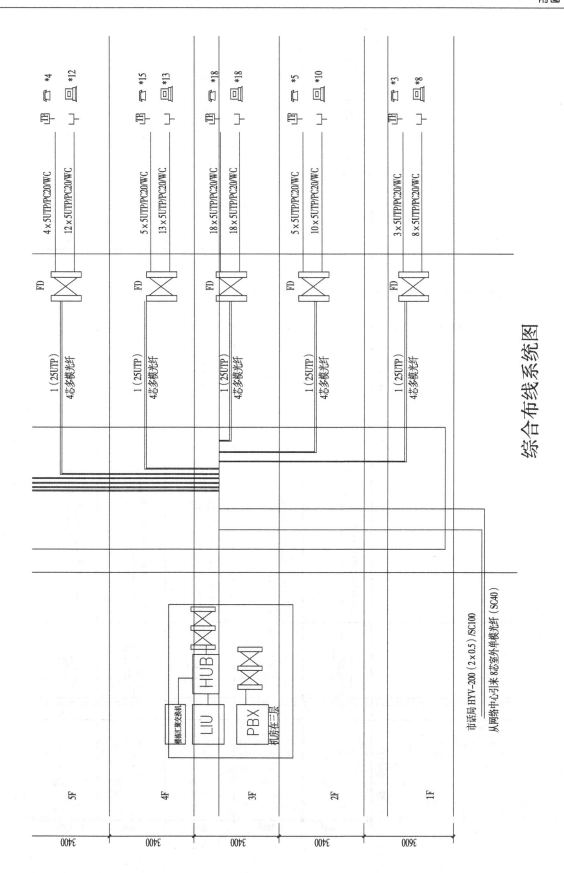

综合布线系统图

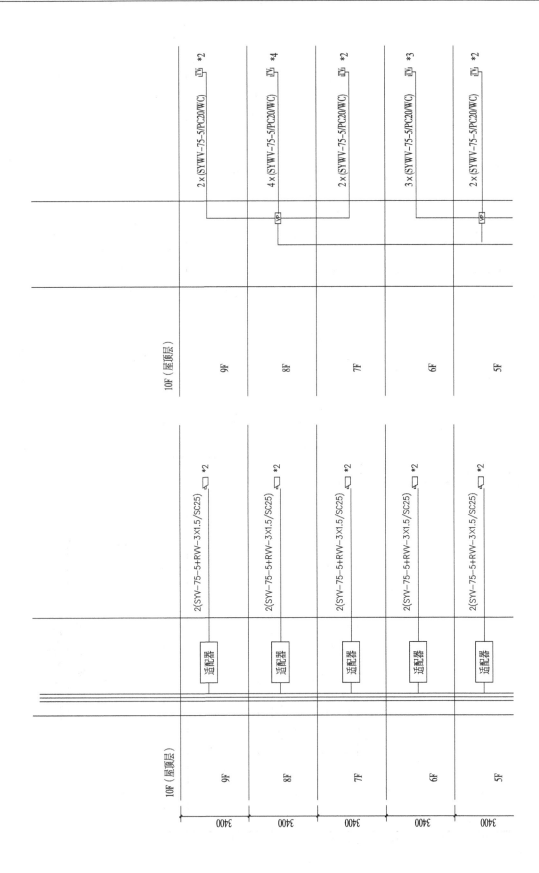

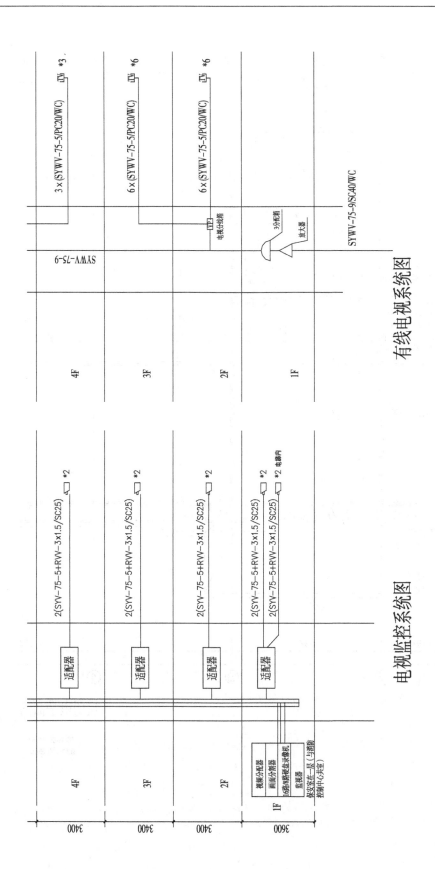

有线电视系统图

电视监控系统图

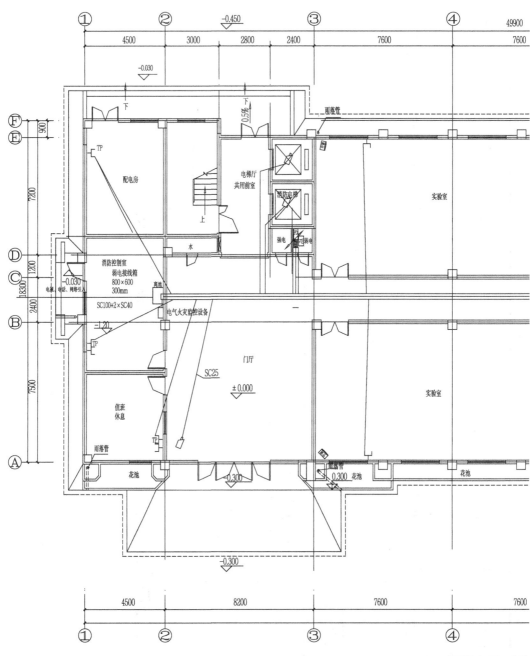

一层弱电平面图

本层建筑面积: 890.5m²
总建筑面积: 8091m²

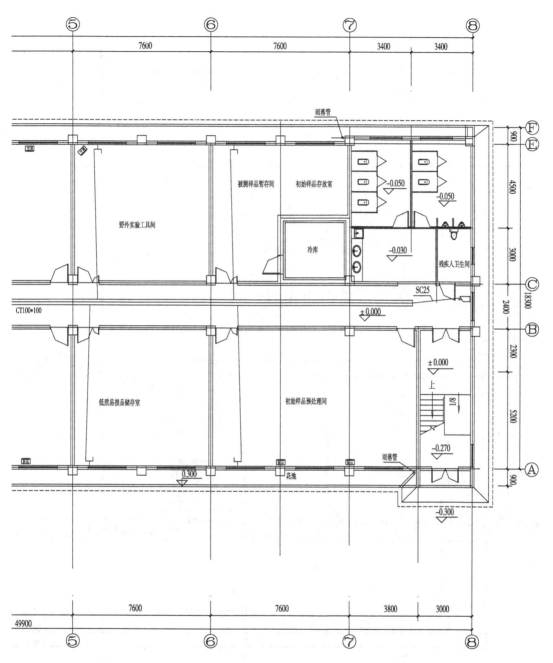

野外实验工具间

被测样品暂存间

初始样品存放室

冷库

残疾人卫生间

低质易损品储存室

初始样品预处理间

雨落管

雨落管

花池

CT100*100

SC25

-0.050
-0.050
-0.030
±0.000
±0.000
上
1/8
-0.270
-0.300
-0.300

7600 7600 3400 3400

900 4500 3000 2400 2300 5200 900 18300

7600 7600 3800 3000

49900

1:100

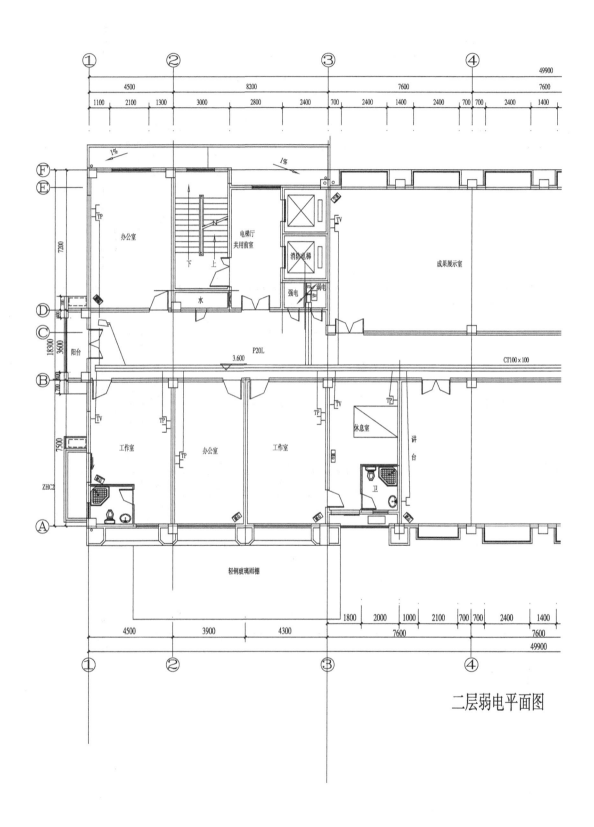

二层弱电平面图

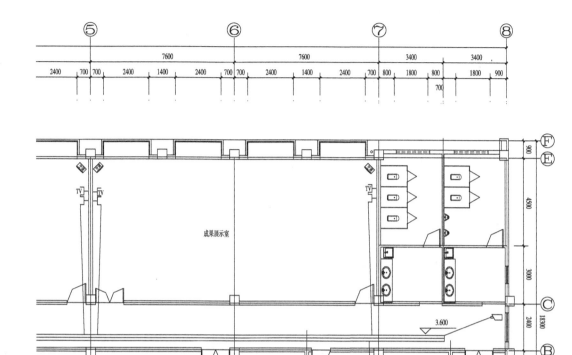

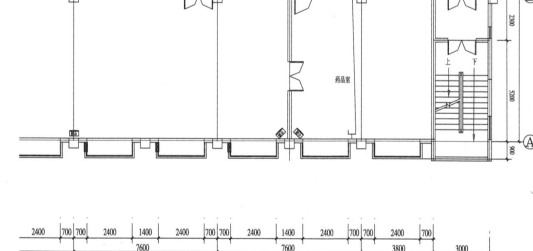

1 : 100